让梦想站立起来

林振宇 著

中国财富出版社

图书在版编目（CIP）数据

让梦想站立起来 / 林振宇著．—北京：中国财富出版社，2013. 12
ISBN 978 - 7 - 5047 - 4979 - 6

Ⅰ．①让…　Ⅱ．①林…　Ⅲ．①成功心理—通俗读物　Ⅳ．①B848. 4 - 49

中国版本图书馆 CIP 数据核字（2013）第 268140 号

策划编辑　李慧智　　**责任印制**　方朋远
责任编辑　张　静　　**责任校对**　梁　凡

出版发行　中国财富出版社（原中国物资出版社）
社　　址　北京市丰台区南四环西路 188 号 5 区 20 楼　　**邮政编码**　100070
电　　话　010 - 52227568（发行部）　　010 - 52227588 转 307（总编室）
　　　　　010 - 68589540（读者服务部）　010 - 52227588 转 305（质检部）
网　　址　http://www. cfpress. com. cn
经　　销　新华书店
印　　刷　北京京都六环印刷厂
书　　号　ISBN 978 - 7 - 5047 - 4979 - 6/B · 0376
开　　本　710mm × 1000mm　1/16　　**版　　次**　2013 年 12 月第 1 版
印　　张　14　　**印　　次**　2013 年 12 月第 1 次印刷
字　　数　215 千字　　**定　　价**　28. 00 元

成功只属于那些让梦想站立起来的人！

——林振宇

目 录
CONTENTS

第一章

最伟大的梦想——中国梦

多梦的民族

中华民族是一个历史悠久的民族。追溯到中国人的始祖炎黄那个时代，距今约有五千年；有文字记载的历史从夏朝算起，也有四千年之久。

中华民族是一个文化灿烂的民族。中华文明与古埃及、古印度、古巴比伦、古希腊等文明一起，成为人类文明的发源地，并对世界文明作出了巨大的贡献。

中华民族也是一个多梦的民族。在这个民族的记忆里，珍藏着永不磨灭的美丽神话和传说，这是中华民族一个个梦想的写意。

“盘古开天地”的故事，讲述的是宇宙混沌之初，天地玄黄未辟，浑圆如一颗鸡蛋，有一位名叫“盘古”的神人，用巨斧将天地劈开，才有了这个世界。故事寄寓了我们远古的先民渴望战胜大自然，开辟新生活的梦想。

“女娲造人”的故事，说的是盘古开天辟地以后，世上空荡荡的，一个人也没有，于是就出现了一位女神——她长着人一样的上体，蛇一样的下身，名叫“女娲”——她抟土造人，才有了人类。故事虽然荒诞，实则反映了母系氏族公社时期人口少、野兽多，妇女在生产中起着重要的作用，同时也寄寓了那时的人民渴望多子多福的梦想。

有渴求就有梦想，有梦想就要奋斗，有奋斗才能实现。中华民族正是在梦想的引领下，一步步走上了文明勃兴之路。

因为寒冷，人民的梦想是火种。于是，燧人氏发明了钻木取火，人类用火取暖，驱逐野兽，炮生为熟，能够吃上热食，令人无腹疾，从而告别了茹毛饮血的历史，并异于禽兽。火的发明和使用，是人类第一次具有了支配自然界的一种能力，标志着中华民族文明的开启。

因为饥饿，人民的梦想是温饱。上古时，黎民百姓靠狩猎吃禽兽肉而生存。后来人口逐渐多了，禽兽不够食用了，人们只有饿肚子。这时候，神农氏发明了耒耜、锄头等生产工具，教授百姓农耕，种植五谷。此外，他还发明了医药。据西汉初年的古书《淮南子》记载："神农尝百草之滋味，一日而遇七十毒"。神农氏为华夏文明的发展立下了不世功勋，人们又称他为炎帝，和黄帝同为中华民族的初祖。

因为战乱，人民的梦想是安定。传说上古的时候，黄河流域有许多部落，他们之间经常发生战争。有一次，黄帝在涿鹿附近的阪泉（今河北怀来）之野与炎帝展开大战，炎帝败，两个部落合并，由黄帝担任炎黄部落的首领，这个炎黄部落就是中华民族最早的雏形，所以，我们中国人才称自己是炎黄子孙。后来，黄帝又平定了蚩尤、共工之乱，统一了华夏诸邦，各部落相互融合并在一起生活。

因为灾难，人民的梦想是平安。传说在尧舜时期，滔天洪水泛滥成灾，人民的家园和生命受到严重的威胁。为治水患，大家推举一位叫"鲧"的人来担当这一重任。他采取用石块和泥筑坝挡水的办法，结果未能成功。他的儿子大禹奉命继续治水。禹吸取父亲的教训，主张挖渠疏导。为查清地势，探明河通，引水下流，他的足迹遍及九州。禹在外治水 13 年，三过家门而不入，带头苦干，昼夜奋战，直干得"手不爪、胫不毛"，终于将洪水引入大海。大禹治水的故事，彰显了中国人无畏艰险、人定胜天的伟大精神。

中华民族富有梦想并且敢于创新，于是就有了"汉字的演进"，"四大发明"，稻、栗、丝绸，等等，对世界文明的历史进程起到了重要的推动作用，作出了不可磨灭的贡献。

虽然中华民族曾经创造了光辉灿烂的文化，但是事物的发展是曲折的，自 1840 年鸦片战争以后的一百余年，中国逐步沦为半殖民地半封建社会，苦难深重的中华民族备受凌辱，渐渐地衰落了。这一时期，救亡图存，实现民族的独立和人民的解放，成为中国人最大的梦想。

值得欣喜和兴奋的是，在几代中华儿女的不懈奋斗下，中华人民共和国终于在 1949 年 10 月 1 日这一天成立了！中国人从此站起来了！

在伟大的中国共产党的正确领导下，我们这个古老的民族又重新焕发出青春的朝气和活力，像"夸父追日"那样，执着地追赶梦想，最终实现了“两弹一星”梦，香港、澳门回归梦，百年申奥梦，“神州”飞天梦，“蛟龙”探海梦等几代中国人期盼已久的梦想。

如今，实现中华民族伟大复兴，就成为中国近代以来最伟大的梦想！我们坚信，在中国共产党的领导下，凝聚每个人的力量，“中国梦”一定能实现！

同一个梦想

什么是梦想？

梦想是石，它能敲出星星点点的花火。

梦想是火，它能点燃生命的希望之灯。

梦想是灯，它能照亮通往未来的道路。

梦想是路，它能指引我们最终走向成功！

如果把人生比作一条船，那么梦想就是帆。我们知道，船如果没有了帆，将行之不远。

若要人生飞得更高更远，那么梦想就是一双隐形的翅膀，带你飞过高山，飞过海洋，飞向那人生光辉的殿堂！

一个人不能没有梦想，一个国家不能没有梦想，一个民族更不能没有梦想！

“中国梦”既是国家的梦，也是民族的梦，更是所有中国人共同的梦！这个梦就是国家富强、民族振兴、人民幸福；这个梦就是中华民族将在21世纪实现伟大复兴；这个梦凝聚了几代中国人的夙愿，是中华儿女共同的期盼和梦想！

梦有好有坏，有美梦也有噩梦。如果说民族复兴是美梦，那么，自1840年鸦片战争以后的一百多年中，我们中国人无不深陷重重的噩梦之中。

中国的近代史，是一部屈辱的血泪史。当西方的坚船利炮侵入中国之时，腐朽的封建王朝还沉浸在昔日的辉煌之中，幻想着“万邦来仪”，等来的却是百年恶梦的开始。

从第一次鸦片战争、第二次鸦片战争到中法战争、中日甲午战争，再到八国联军战争，外族的侵略瓜分就没有停止过。腐朽无能的清政府只能像羔羊一样任人宰割，被迫签订了《南京条约》《马关条约》《辛丑条约》等一个又一个丧权辱国的不平等条约。中国香港等领土被割让，数以亿计的白银被掠走，八国联军还洗劫烧毁了举世闻名的圆明园，给中华文明带来了沉痛的灾难和巨大的损失，中国逐步沦为半殖民地半封建社会。

衰败的中国，如果不能改变落后的现状，等待的仍是又一个噩梦的继续。

1931 年 9 月 18 日晚 10 时 20 分左右，日本帝国主义的铁蹄踏进了我们中国东北的大门。随后，他们仅 4 个月 18 天就占领了东北三省和一个特区。“九·一八”，中国人的耻辱啊！

我们怎能忘记，日本侵略者在中国制造的一桩桩骇人听闻的惨案！仅南京大屠杀，我们的同胞就被杀害 30 万左右。他们把中国人当靶子练习劈刺，将我们的同胞绑在广场上，浇上汽油，用机枪扫射，再用火烧，有的还被挖下乳房，刺穿胸膛和腹部，肠子拖在外边；他们奸淫少妇和幼女，甚至孕妇都不放过，残忍地将她们活活剖腹，再用刺刀把胎儿挑起来哈哈大笑！其手段惨绝人寰，令人发指！

中国的近代史，也是一部中华儿女励志图强、不断求索、历经曲折、自强不息的波澜壮阔的历史。

林则徐“睁眼看世界”、魏源“师夷之长技以制夷”，他们主张学习西方的长处，以此抵御外族侵略，进行民族自卫。

洪秀全领导了“金田起义”，建立了“太平天国”，反抗清朝封建统治，探索救国富民的道路。

洋务派掀起的“洋务运动”，引进西方某些先进的技艺，创办近代军事和民用工业，创建近代海军，作出了有益的尝试。

维新派实施的“戊戌变法”运动，以期改革内政，建立西方君主立宪制的国家。

孙中山领导的“辛亥革命”，推翻了长达两千余年的封建帝制，建立了资产阶级民主共和国。

然而，从“技术西化”到“政治西化”，再到五四新文化运动高举“德先生”（民主）、“赛先生”（科学）的旗帜，试图走一条“文化西化”的救国之路，中国的种种探索和尝试都没有成功。

就在这时，十月革命一声炮响，给我们送来了马克思主义，中国共产党从此登上了历史的舞台，肩负起中华民族救亡图存、独立和解放的使命。伟大领袖毛泽东领导人民革命，推翻了压在人民头上的“三座大山”，建立了新中国，从此走上了社会主义建设的光明之路。

如果说，中国近代史是孕育“中国梦”的历史背景，那么，中国现阶段坚持走有中国特色的社会主义道路，改革创新成就巨大，经济总量跃居世界第二位，综合国力不断增强，人民生活实现总体小康，这些有利条件，为“中国梦”奠定了现实基础。

正如习近平同志所说：“我们比历史上任何时期都更接近中华民族伟大复兴的目标，比历史上任何时期都更有信心、有能力实现这个目标。”中国梦体现了中华民族和中国人民的整体利益，与每个人的前途命运紧密相连。每一个中国人都渴望过上更加富裕、幸福、有尊严的生活，实现自由和全面的发展。因此，我们说，中国梦是中华儿女共同的梦想。

中国自信

我们无论做任何事情，如果缺少自信，都很难获得成功。

那么，什么是自信呢？

李白的“天生我材必有用，千金散尽还复来”是自信；毛泽东的“人生自信二百年，会当击水三千里”是自信；但丁的“走自己的路，让别人说去吧”是自信……

可以这样说，自信就是肯定并相信自己。它是走向成功的第一步，是实现梦想不可或缺的一块基石。

对于一个国家来说，自信是国家的一种精神气质，是该国国民自信力的汇聚，同时，自信还意味着力量和希望。

自信的国家，便会拥有自信的国民；自信的国民，也能造就自信的国家。

国家自信，则国民自信。假使国家以国民的根本利益为一切行动的出发点，并为他们描绘出美好的国家愿景，那么国民就会信任并心系这个国家，对国家的未来满怀希望，自信地去创造幸福生活。

国民自信，则国家自信。假使国民相信每个人都有人生出彩的机会，并且在机会面前人人平等，那么，国民就会充满自信地努力实现各自的梦想，在此过程中，国民的信心和力量就会凝聚在一起，共同托起一个国家的自信。

倘若国家丧失了自信，国民也会人心动摇，自卑起来，对任何梦想的实现都持着怀疑的态度，既不努力，也不奋斗，在前进的道路上遇到挫折就灰心丧气，那么国家也会暗淡无光。

伟大的中华民族之所以能够创造出灿烂的中华文明，与炎黄子孙的自信是分不开的。

大禹自信，成功治理罕世洪水，堪称是一件使世界震惊的原始社会末期的伟大工程；炼丹家自信，发明了火药，对世界的军工科学发展起到了巨大的推动作用；李白自信，“仰天大笑出门去，我辈岂是蓬蒿人”，便有了壮丽辉煌的诗章千古流传；成吉思汗自信，一把弯弓成就西征伟业；玄奘自信，历经重重磨难，虽九死犹未悔，终将“真经”求取……

正是因为有了这些自信的中国人，中华民族才能生生不息，谱写出中华文明光辉灿烂的华章。

然而，真正的自信，绝非从天上掉下来，从国家的维度看，它缘于这个国家的实际，尤其是综合国力的强盛，而国家的软弱，只能产生

“伪自信”。

就近代中国而言，开始落后于西方，逐步沦为半殖民地半封建社会。故步自封的中国人标榜的所谓“自信”，其实是自大、自欺。一提到中国，就是“历史悠久、地大物博”，或是“四大发明、文化灿烂”，殊不知，时代潮流滚滚向前，文艺复兴的思潮和工业革命使西方文明遥遥领先，清政府却不知发奋革新，还称西方科技为“奇技淫巧”，仍旧思想僵化，闭关锁国，这注定了中华民族开始长达一百余年的梦魇。

尽管如此，生生不息的中华民族并没有因此丧失自信，仍有许许多多的仁人志士前仆后继，为了中国摆脱因落后而被挨打的处境而不断探索，发奋图强。鲁迅先生在《中国人失掉自信力了吗》一文中写道：“我们从古以来，就有埋头苦干的人，有拼命硬干的人，有为民请命的人，有舍身求法的人……虽是等于为帝王将相作家谱的所谓‘正史’，也往往掩不住他们的光耀，这就是中国的脊梁。”正是因为中国有这样多的“脊梁”，他们的自信和努力，才使中华民族从近代的苦难深渊中一步步走出来，迎来了今天的盛世繁荣！

走在21世纪的征途上，中国人满怀自信地吹响了“中国梦”的号角，实现中华民族的伟大复兴，是近代以来中国人不懈追求的伟大梦想。就当代人而言，就是把这一梦想化作具体的奋斗目标，在中国共产党成立100年时建成“富强民主文明和谐的社会主义现代化国家”。这就要求全国各族人民一定要坚定对中国特色社会主义的理论自信、道路自信、制度自信，坚定不移地沿着中国特色的社会主义道路奋勇前进！

坚定理论自信，就是坚定对马克思主义、毛泽东思想和中国特色社会主义理论体系的自信。中国的革命和建设的实践证明，只有马克思主义才能救中国，也只有马克思主义才能发展中国，将马克思主义基本原理灵活运用并与中国国情和实际相结合，创新发展产生的两大理论成果，即毛泽东思想和中国特色社会主义理论体系（邓小平理论、“三个代表”重要思想、科学发展观），是我们正确指导实践的理论法宝，是实现“中国梦”的智慧保证。

坚定道路自信，就是毫不动摇地走中国特色社会主义道路。近代以来，几代中国人认识到，封闭僵化的老路救不了中国，于是向西方学习先进的技术、制度和文化。然而，种种尝试都失败了，“中国问题”仍没有根本解决，这说明，照搬西方发展模式不适合中国国情。后来，我们找到了马克思主义，将其普遍真理与中国的具体实际相结合，坚定不移地走中国自己的道路，历经曲折，最终才闯出一条有中国特色的社会主义新路。这条道路是我们建设社会主义正反两方面经验总结出来的，是基于对中国正处于并将长期处于社会主义初级阶段的深刻认识总结出来的，我们正是沿着这条道路不断前进，才实现了从“站起来”到“富起来”、“强起来”的巨大跨越。

坚定制度自信，就是要始终坚持中国特色社会主义制度不动摇。一个国家举什么旗，走什么路，选择什么样的社会制度，关系国家的前途命运，因此都要从这个国家的国情和实际出发。而衡量一种社会制度是否优越，根本标准是看它是否促进了生产力的发展。中国改革开放的实践证明，以人民当家做主为根本制度并通过与之相适应的一系列基本制度，共同构建的中国特色社会主义制度，极大地解放和发展了生产力，使中国迅速崛起于世界东方，彰显了中国特色社会制度的优越性。

如今，中国人以从未有过的自信，昂扬阔步走在实现中华民族伟大复兴的征途上，我们坚信，中国的明天会更好！

中国力量

我们中国人是有力量的。

在很早的时候，中国就有了指南针、造纸术、活字印刷术和火药，这“四大发明”都在欧洲人之前。所以，中国成为世界文明发达最早的国家之一。

五千年中华文明昭示了中国人勤劳、智慧、富于力量，“敢叫日月换新天”，彰显了东方大国的气魄。

中国力量体现在中国人身上，是一种团结的、锲而不舍的精神力量，可以战胜任何困难。中国古代有个故事，说的是一位年近90的老人，名叫“愚公”，他的家门前有王屋、太行两座大山，因出行受到阻塞，愚公就决定率领全家人要将两座大山挖平，还用簸箕将土石运到渤海边上。有个叫“智叟”的老人看见愚公在挖山，讥笑他愚蠢，还说愚公以残年余力，连山上的草都动不了，又能把大山怎样呢？智叟认为挖掉大山是不可能的。愚公就对智叟说：“即使我死了，还有我儿子在，儿子又生孙子，子子孙孙没有穷尽，而这两座山却不会再增高，挖一点就会少一点，还愁什么挖不平呢？”愚公意志坚定，每日挖山不止，终于感动了天帝，天帝就派大力神夸娥氏的两个儿子，将这两座山背走了。“愚公移山”的故事，寓意了人世间有许多看似不可能事情，但只要无畏艰难，齐心协力，不懈奋斗，终究会创造出奇迹。

由此，我们联想到中国旧社会有封建主义、帝国主义、官僚资本主义“三座大山”重压在中国人身上，使人民身陷于水深火热之中。人民生活不下去了，便起来反抗，在中国共产党的领导下，中国人民万众一心，英勇革命，终于推翻了“三座大山”，中国人从此翻身解放，成为国家的主人。

我们中国人是有力量的。

1950年朝鲜战争爆发，美帝国主义将战火烧到鸭绿江边，美军的血腥暴行，使中国百姓和国家财产蒙受巨大损失。在这种情况下，中国若是和美国开战，首先要考虑两国的实力。当时新中国刚刚成立不久，经济比较落后，物资匮缺，国家各方面建设急需用钱，此外还背负着沉重的历史包袱，而美国是西方的强国之一，无论财力、物力还是武器装备，中国都无法与之相比。尽管如此，中国人毫不惧怕，为了保家卫国，毛主席一声令下，中国人民志愿军雄纠纠、气昂昂，跨过鸭绿江，团结一心抗美援朝，最终打败异常强大的美军，取得战争的胜利，中国人了不起！

战争年代，抵抗外族的入侵，我们见证了中国人的力量；和平年代，进行社会主义现代化建设，我们见证了中国人的力量；灾难来临，八方支援，众志成城，我们见证了中国人的力量。

那么，什么是中国力量？就是中国各族人民大团结的力量，就是13亿中国人整体的力量，就是每个人的聪明才智汇集起来的力量。

曾记否，新中国成立初期，国家“一穷二白”，为了抵制帝国主义的武力威胁和核讹诈，包括王淦昌、邓稼先、钱学森等在内的一大批杰出的科技专家，怀着对新中国的满腔热爱，响应党和国家的召唤，义无反顾地投身到独立自主研制“两弹一星”的伟大事业中来。1964年10月16日，中国第一颗原子弹爆炸成功；1967年6月17日，中国第一颗氢弹空爆试验成功；1970年，中国第一颗人造卫星发射成功，这些成就，让世界在震撼的同时，也看到了中国强大的力量！

曾记否，2008年5月12日，我国汶川发生里氏8.0级地震，顷刻间，地动山崩，房屋倒塌，救以万计的生命瞬间被掩埋。灾难发生后，党和国家领导人第一时间赶到抢险现场，了解灾情，争分夺秒地展开了大营救，那场面惊天地、泣鬼神，创造了一个又一个人间奇迹，感动了中国，也感动了世界。“一方有难、八方支援”历来是中国人的一个优良传统，支援地震灾区重建工作，中国人有钱出钱，有力出力，这种大爱创造了中国又一个奇迹，短短2年时间，那些在5·12大地震中被夷为平地的灾区，已经旧貌换新颜，变成了全新的、最美的家园，再一次展现了中国力量。

数风流人物，还看今朝：中国人自主研制的“神舟”号飞船成功载人飞上太空；“蛟龙”号载人潜水器顺利探海，最大下潜深度达7062米。中国人可以“九天揽月”、“五洋捉鳖”，这是何等的中国力量啊！

如今，实现中国民族伟大复兴的“中国梦”，是我们共同的追求和期盼。只要我们紧密团结，万众一心，凝聚中国力量，为实现“中国梦”而奋斗，那么一切美好的东西都能够创造出来，什么人间奇迹都可以发生，“中国梦”也会真切地出现在我们眼前。

中国精神

这世间什么东西最可贵？

我们知道，生命是可贵的。生命对于人来说只有一次。然而，有一种东西比生命还可贵的，那就是精神！

没有精神的人，即便活着，他已经死了；而有精神的人，即便是死了，他仍然活着。

那么，死了的人怎么还能“活着”呢？

就像舍身炸碉堡的董存瑞，“为国舍身，永垂不朽”，这就是精神啊！

就像为人民服务的雷锋，把有限的生命投入到无限的为人民服务中去，一辈子做好事，这就是精神！

就像党的好干部焦裕禄，清正廉洁，一心为民，鞠躬尽瘁，死而后已，这就是精神！

于是我们明白了，生命诚然是短暂的，但也可以永恒，这样的生命比泰山还重，就是因为有了精神的缘故啊！

这世间什么最可贵？

其必曰：精神。

有了可贵的精神，懦夫能变成勇士，浪子能成为新人，庸人能成为英雄。平凡的人因为有了精神而伟大，不幸的人因为有了精神而绝处逢生……所以，人不能没有精神。

由此我们联想到，一个民族，一个国家，也不能没有精神，否则就会变成一盘散沙，任人欺凌，毫无活力和希望可言。

振奋的精神和高尚的品格对于一个国家和民族的生存和发展实在是太重要了。鲁迅先生说：“唯有民魂是值得宝贵的，唯有它发扬起来，中国才有真进步。”在鲁迅的心目中，“民魂”才是“中国精神”，是中国的灵魂。中华民族数千年历经磨难而不衰，饱尝艰辛而弥坚，靠的就是强大的中国精神，它是中华各族人民共同生活的精神纽带，支撑中华民族生存发展的精神支柱，推动中华民族走向繁荣富强的力量之源，是弥足珍贵的“民族魂”。

中国精神并非是生来就有的，它是中华优良文化历经漫长的岁月而熏陶和培育出来的，并根植于民众之中，体现在那些有骨气的中国人身上。

中国文化博大精深，源远流长。以儒家文化为主体的传统文化，历来讲究：“仁义礼智信”、“温良恭俭让”，提倡“自强不息”、“富贵不能淫、贫贱不能移、威武不能屈”、“舍生取义”以及“忧国忧民”等优良传统和价值取向，最终形成了以爱国主义为核心的团结统一、爱好和平、勤劳勇敢、自强不息的民族精神。

中国历史上涌现出许多可歌可泣的风流人物。如“上下求索，虽九死而其犹未悔”的屈原；“先天下之忧而忧，后天下之乐而乐”的范仲淹；“人生自古谁无死，留取丹心照汗青”的文天祥；“我自横刀向天笑，去留肝胆两昆仑”的谭嗣同。

说到谭嗣同，他是我们民族的脊梁啊！他因投身于救亡图存的维新变法运动而遭祸。就在他被捕的前一天，有几位日本志士苦苦劝他去日本，谭嗣同不听，他说：“各国变法，没有不经过流血就成功的，现在中国没听说有因变法而流血牺牲的人，这是国家不富强的原因啊。有流血牺牲的，请从谭嗣同开始吧。”这就是谭嗣同的选择。他就义时，慷慨激昂，神情从容，没有丝毫惧色，是一位真正的猛士啊！他的义举生动地体现了中华民族精神，表现出伟大的民族英雄气概。

此外，中国自古以来还有许许多多埋头苦干、拼命硬干、为民请命的人……在他们的身上同样闪耀着“中国精神”的光辉。

中华民族正是因为弘扬了中国精神，才能凝聚起强大的中国力量，经受住无数次严峻考验，战胜各种各样的困难，一步步从民族的危机中走出来，不断地进步，最终自立于世界民族之林。

回顾中华民族近代以来所走过的道路，从鸦片战争、辛亥革命到新中国的成立，其历程无比艰辛，中华民族屡次陷入危机。正是有以林则徐、孙中山、毛泽东等为代表的中华优秀儿女、仁人志士，发扬中国精神，团结一心，不屈不挠，奋发图强，才有了中华民族的独立和解放，中国人从此站了起来。

然而，新中国的建设并非一帆风顺，走了不少弯路，也未能找到一条出路，“中国向何处去”这一课题摆在了全体中国人面前。为了使中国摆脱贫穷落后的局面，及早实现“四个现代化”，改革开放的总设计师邓小平同志，以改革创新的精神和大无畏的勇气，率先解放思想，批判了“两个凡是”的错误观点，重新确立了实事求是的思想路线，果断停止以阶级斗争为纲的错误方针，作出把党和国家工作中心转移到经济建设上和实行改革开放的战略决策。时至今日，成就辉煌，中国社会发生了翻天覆地的变化，“旧貌换新颜”，综合国力明显提升，人民生活富裕起来了。这一切充分说明了改革创新是一个国家振兴繁荣的力量之源，也是我们建设有中国特色社会主义必须坚持的制胜之道。

中华文明之所以绵延5000年而不断，发展至今而不衰，除了强大的民族精神支撑外，还因为中华民族具有改革创新的精神气质，能够包容外来文化而不变质，能够顺应时代潮流而不断完善更新，生动地体现了中国精神。中国传统文化中“天行健，君子以自强不息”（《易经·乾》）的精神，后来发展成了革故鼎新、独立自主、艰苦奋斗、与时俱进的改革创新精神。正是在这种精神力量的推动下，中华民族才能生机勃发，不断进步。

总之，实现伟大的“中国梦”必须弘扬中国精神。这就要求全国各族人民一定要弘扬以爱国主义为核心的民族精神和以改革创新为核心的时代精神，团结一心，凝聚力量，以实际行动学习、宣传、贯彻、落实好习近平总书记关于“中国梦”的阐述，埋头苦干，锐意进取，为实现中华民族伟大复兴而不懈奋斗！

中国梦与传统文化精粹

人类历史进入21世纪，中国的迅速崛起，引来世界各国的瞩目。中国人在致力于发展经济的同时，正意气风发，激情满怀，决心在21世纪实现中华民族的伟大复兴，这就是我们近代以来炎黄子孙共同期盼的中国梦。

我们知道，中国的文化有5000年的历史，是四大文明古国之一。与之相比，无论是古希腊、古埃及，还是古罗马，他们的古老文化都衰败了，只有中国文化一脉相承，流传至今，焕发着旺盛的生命力。这其中必然蕴藏着优秀的文化精粹，无形地影响着国人的思想，起着关键的主导作用，才使得中国文化薪火相传。

当然，任何一个民族的文化都有其优劣，中华民族的传统文化也不例外，既有精粹，也有糟粕。我们也可以这样说，并非所有的中国文化都能走向世界，而只能是中国文化当中那些精粹的部分，才能为各国、各民族提供参考和借鉴。

因此，我们欲实现中国梦，在凝聚中国力量，弘扬中国精神的同时，也必须深入挖掘和阐发中国传统文化的精粹，为中国梦提供精神动力和智力支持。

“文化”一词，最初来自《易经》：“观乎天文，以察时变，观乎人文，以化天下。”它的含义就是说，按照人文来进行教化。中国的古代曾经创造了灿烂的文化，5000年文化源远流长，从没有间断过，这是世界其他民族都不曾有过的。中国又是一个多民族国家，在漫长的发展中，各民族的文化融汇成具有顽强生命力和凝聚力的中华民族特有的传统文化，深深地融进炎黄子孙的血脉中。这种强大的文化把各民族的文化统一起来，最终造就了统一的多民族国家。正是因为有了这种文化铸就的“民族魂”，中华民族虽历尽劫难，却生生不息，由弱到强，发展壮大。

那么，在传统文化中，中国人究竟有哪些文化精粹有益于全人类，具有普世价值，值得传承和弘扬，并且能够走向世界呢？

自强不息。语出《易经·乾》："天行健，君子以自强不息。"乾是卦名，象征着至刚、至健的"天"。天上的日月星辰永不停息地运行，这就是"天行健"的意思。"自强"就是不依赖别人，自力更生，努力奋斗。"不息"就是不停止。因此，人们应当效法天的这种精神，永不松懈地努力，不断地进步。一个人如果有了这种精神，就能不怕挫折，战胜各种困难，勇往直前，永远进步；一个民族具有了这种精神，就能发展和壮大，屹立于世界民族之林。千百年来的实践证明，炎黄子孙正是秉承了自强不息的精神，才得以闯过重重危难，顽强地走到今天。中华儿女也必将弘扬这种精神，为民族的复兴而奋斗不止。

厚德载物。语出《易经·坤》："地势坤，君子以厚德载物。"坤象征着宽厚深广的土地，承载和化育万物。人们应当效法地的这种精神，自觉地培养美好的品格、高尚的情操、宽阔的心胸，才能成就一番事业。

中华民族自古以来就主张以德治国，是礼仪之邦。中华儿女也崇尚道德，并视为传统的美德。以孔子为代表的儒家文化就是以仁义思想为核心，宣扬"孝悌"、"性善论"等，主张"泛爱众"。《弟子规》这样解释："凡是人，皆须爱，天同覆，地同载。"意谓不论是什么人，我们都要关怀爱护，因为我们都共同生活在这天地之间。孟子也说："老吾老，以及人之老；幼吾幼，以及人之幼。"意思是尊敬、爱戴别人的长辈，要像尊敬、爱戴自己长辈一样；爱护别人的儿女，也要像爱护自己的儿女一样。这种爱，推而广之，就是真正的博爱，具有普世价值。佛教自汉东兴，便被儒家文化所同化，成为我们民族传统文化不可分割的一部分，其慈悲爱人的思想对国人的影响极大。而道家文化自古就是中国的本土文化，创始人老子在《道德经》中强调："上善若水，水善利万物而不争。"劝导人们要效法水的品性，成就崇高的道德。

总之，儒、释、道文化都是对"厚德载物"的阐发，其精粹值得我们继承和弘扬。儒家的修身之道，以及"勿以善小而不为，勿以恶小而为之”的思想，都是让人们通过修身自省来培养高尚的道德。假若人人如此，那么我们的民族就会成为世界上令人尊重的民族。

和谐统一。在中国的传统文化中，和谐统一这一思想最初来源于古老的先民们对世界的认识上。《易·系辞下》说：“古者包牺氏之王天下也，仰则观象于天，俯则观法于地，观鸟兽之文与地之宜，近取诸身，远取诸物，于是始作八卦，以通神明之德，以类万物之情。”包牺氏（即伏羲氏）所制的“八卦”，其核心部分是由两仪（即阴阳）组成一个圆形，象征着这个世界是由阴阳和合衍生的。从哲学上看，阴和阳既是矛盾的、对立的，也是不断运动、相互转化和统一的。我国传统文化有许多关于“和”的内容和论述：儒家提出了“和为贵”、“君子和而不同”、“天时不如地利，地利不如人和”等思想；道家在分析自然、社会、人生时，非常强调阴阳和合的理念，提出了“道法自然”、“万物负阴而抱阳，冲气以为和”、“知和曰常”的思想；佛家也有“因缘和合”的说法，还提倡六和敬——“见和同解、戒和同修、身和同住、语和无诤、意和同悦、利和同均”。此后，和谐统一的思想广泛地运用于各个领域。它主张人与自然要和谐，在发展的过程中要遵循自然界的客观规律，人类不能为了自身的利益而毫无节制地破坏自然；人与人之间也要和谐，建立良好的秩序，不要争斗，才会有家庭和社会的和谐；在民族与民族、国家与国家的关系上，都要把思想统一到和谐上，允许世界上各个国家和民族独特的文化存在，加强沟通，互建诚信，反对霸权主义和强权政治，用和平的方式解决争端，共建协和万邦。

变革图强。变革即是革命的意思，《易经》有“汤武革命，顺乎天而应乎人”之语。中华民族自古以来就注重变革图强，历史上有商鞅变法、王安石变法、张居正变革、戊戌变法、辛亥革命，等等。我们实行的改革开放，所进行的政治体制、经济体制，以及十七届六中全会决定的深化文化体制改革，都是中华民族变革图强的具体体现。实践证明，只有变革图强，中华民族才能不断进步，发展壮大，我们的国家才会摆脱落后的面貌，日新月异，迅速崛起。

爱国主义。中华民族历来就有爱国的光荣传统，这种文化思想早已根植在炎黄子孙的骨髓里，成为各民族之间关系的牢固纽带。千百年来，中华民族涌现出许许多多爱国志士和英雄人物：有忧国忧民投身汨罗江的屈原、“留取丹心照汗青”的文天祥、怒发冲冠精忠报国的岳飞、至死盼望“北定中原”的陆游、英勇抗击倭寇的戚继光、收复台湾的郑成功，还有谭嗣同、秋瑾、孙中山，等等，他们的英雄事迹在中华大地上广为传诵。

可以说，爱国主义是中华民族精神的核心，是我国传统文化中最宝贵的精粹，是各族人民共同的精神支柱。中华民族只有传承以爱国主义为核心的传统文化精粹，才能最终屹立于世界民族之林，实现伟大的中国梦！

中国梦与青年之责

实现伟大的中国梦，不在他人，而全在于我青年。

青年富于朝气，则国富于朝气；青年富于活力，则国富于活力；青年富于抱负，则国富于抱负；青年富于智慧，则国富于智慧；青年富于进取，则国富于进取；青年富于创新，则国富于创新；青年富于进步，则国富于进步；青年富于强悍，则国富于强悍；青年富于文明，则国富于文明。

是故，青年者，国之命脉，民族之希望。青年人有担当，国家才能富强；青年人有自由，国家才能民主；青年人有奋发，民族才能振兴。

从中国近代史的维度看，中国青年表现出较强的大局意识和崇高的责任感。他们能顺应时代潮流，变革思想，心系国家之安危，民族之存亡，率先觉醒，发奋图强，在中国社会伟大变革的历史篇章中书写壮丽的青春史诗。

1919 年爆发的五四运动，就是一场青年们的革命。当时，以青年知识分子为先锋的广大热血青年为救亡图存、振兴中华而奔走呼号。他们自发组织起来，举着“还我青岛”、“取消二十一条”、“抵制日货”等标语条幅，高呼“外争国权，内惩国贼”、“宁为玉碎，不为瓦全”等口号，在天安门前游行示威，抗议帝国主义侵略和北洋军阀政府的卖国行为。这也是一次思想解放运动，广大青年学生们高举“民主”和“科学”的大旗，以大无畏的精神，反对旧的传统观念和封建礼教，积极探索救国救民的真理和道路。应该说，在五四运动中，青年们是急先锋和生力军，从他们身上，我们看到了中华民族自古以来就有的“天下兴亡，匹夫有责”的爱国传统、责任感和使命感。

如今时代变了，中国已不是从前那个任人侵凌的弱国。但是，中国青年的爱国情怀和责任感没有变，也不应淡化、甚至丢弃。在大国崛起、经济腾飞的时代背景下，实现中华民族伟大复兴的中国梦，历史地落在青年之肩上，青年的责任不但没有减轻，反而更加重大，使命艰巨而光荣，只有青年尽其责，中国梦才能顺利实现。

中国梦既是国家的梦、民族的梦，也是青年人的梦。一代伟人毛泽东这样说：“世界是你们的，也是我们的，但是归根结底是你们的。你们青年人朝气蓬勃，正在兴旺时期，好像早晨八九点钟的太阳。希望寄托在你们身上。”不言而喻，希望对于青年人来说，意味着一种责任，一种担当，中国的前途和未来与青年紧密联系在一起，中国梦与青年梦密不可分，中国梦是中华儿女共同的梦想，理所应当也是青年人的梦想，在实现中国梦的伟大实践中，尤其要靠青年这一群体发挥应有的力量。尽管每一个青年人的“中国梦”各有不同，但是，青年们在努力实现各自梦想的过程中，一点一滴的力量最终会汇集到一起，犹如万条小溪汇入大海一样，中国梦也正是因为有了千千万万个青年梦的汇集，才能像大海一样波澜壮阔，气势恢宏！

既然“希望”寄托在青年身上，那么当代青年应该如何肩负起这一历史的责任呢？

孙中山先生曾经说过一句话：“我辈既以担当中国改革发展为己任，虽石烂海枯，而此身尚存，此心不死。既不可以失败而灰心，亦不能以困难而缩步。精神贯注，猛力向前，应付世界进步之潮流，合乎善长恶消之天理，则终有最后成功之一日。”此话应当为中国青年共勉。

结合时代特征和中国当下实际，作为时代青年应勇敢地承担起实现中国梦的责任，因为青年不仅是中国改革发展最积极、最活跃、最有生气的一支重要力量，更是实现中华民族伟大复兴的脊梁。在中国特色社会主义道路上实现中国梦，绝非是一帆风顺的，有困难，有曲折，或许还会遭遇一时的失败。所以，青年要完成时代赋予的使命，一定要有坚韧不拔之志，一往无前，越挫越勇，再接再厉，终有成功的一天。当代青年还要顺应时代前进的潮流，将个人梦想融入到中国梦之中，才能大有作为，在实现自身价值的同时，也成就中国梦。

总之，中国青年的血是热的，他们的心与祖国和人民连在一起。他们好学不倦，用知识放飞梦想；他们努力实践，用汗水浇灌梦想；他们不怕失败，执着地追逐梦想；他们勇攀高峰，志在必得，在实现中国梦的征途上高扬起青春的旗帜，胜利是属于青年的！“美哉我少年中国，与天不老！壮哉我中国少年，与国无疆！”

中国梦，也是每个人的梦

如果把中国比作一艘承载国家、民族和13亿人民的梦之船，那么我们每个中国人都是船上的船员，我们的前途命运和这艘巨船紧密地绑在了一起，只有这梦之船顺利抵达彼岸，我们每个人的梦想才有真正实现的可能。

如果中国是一部正在书写中华民族伟大复兴的壮丽史诗，则需要我们大家都积极热情地去参与，你写一页，我写一页，坚持不懈，美好的“中国梦”的史诗终会完成。

中国梦是个人梦的承载，个人梦是中国梦的依托。中国梦与个人梦紧密地联系在一起，国家好，民族好，大家才会好。

中国梦归根结底是人民的梦。就是要让人民有更好的教育、更稳定的工作、更满意的收入、更可靠的社会保障、更高水平的医疗卫生服务、更舒适的居住条件、更优美的生活环境，而这一切，也是每个中国人殷切期盼和追求的，从这个意义上说，中国梦也是每个人的梦。

此外，我们还可以这样理解：中国梦并非只停留在国家和民族这个宏观的层面上，如果最终不能为全体人民谋幸福，那么中国梦就不可能让大家都认同和接受，并且心甘情愿地为之奋斗。如前所述，中国梦是我们共同的期盼，是人民的梦，其出发点是要让中国人都过上更加富裕、更有尊严的生活，最终实现每个人自由而全面的发展。正因如此，中国梦才成为每个人的梦，它既是宏观的，也是微观的，它的落脚点一定要落在个人身上。

每个人的努力，每个人的创造，每个人不懈追求的美好梦想，始终与振兴中华的历史进程紧密相连，这一点我们在古代优秀的中华儿女身上得到了印证。

东汉的张衡，他的梦想是探索星空的奥秘。他创造了世界上第一架能比较准确演示天象的浑天仪。整个机构是用漏壶滴水的力量使它按一定的时刻慢慢转动，人们可以从上面看到星体的出没。此外，张衡还发明了世界上第一台地动仪，比欧洲创造的地震仪器早了1700多年。

西汉的司马迁，他的梦想是“穷天人之际，通古今之变，成一家之言”。他发愤著史，期间虽受腐刑而矢志不渝，历经十几年的艰苦创作，终于完成了不朽之作《史记》。这是一部纪传体通史，生动详实地记载了包括黄帝以来2000多年来各方面的历史，前无古人，堪称“史家之绝唱，无韵之《离骚》”。司马迁的《史记》为中华文明作出了重大的贡献。

明代的徐霞客，他的梦想是游历祖国山川，考察地理地貌。他从22岁开始徒步四方，并将其游历、观察和研究记录下来；旅途中他常常饥渴劳顿，多次遇盗、绝粮，也曾深陷险境而生还。他以锲而不舍、科学求真的精神，献身于祖国的旅行考察事业，写成了具有高度学术价值的杰作《徐霞客游记》。

清代的曹雪芹，他的梦想是写一部长篇小说《红楼梦》。他写作既不是为名，也不是求利，而是借此控诉封建社会的腐朽和无情，为封建社会鸣长钟。在创作过程中，他常常穷到“举家食粥酒长赊”的地步，有时连稿纸也买不起。虽身患疾病，而无力求医，却痴心创作，“披阅十载，增删五次”，字字皆是心血凝成，才有了伟大的《红楼梦》。它不仅是中国古典小说的巅峰之作，还成为世界各国人民最珍爱的文学名著之一。

在中国历史上，建功立业的人物不胜枚举，即便是普通人为美好梦想而奋斗，同样是在创造中华文明的历史。因此，从国家的维度看，个人的梦想属于中国梦的范畴，是中国梦的生动体现。

尽管每个人理想中的“中国梦”各不相同，但是，我们的同胞毕竟都在沿着那一线清新的曙光携手同行，那光明里一定有我们各个梦想汇集在一起的结晶，是我们共同创造的中国梦。

我的中国梦是“写”出来的

伟大的时代开启了“中国梦”。这个梦既是国家的梦，民族的梦，也是每个人的梦。只有每个人都为美好梦想而奋斗，才能汇聚起磅礴的力量，成就这个国家的腾飞和光荣，这就是我们的“中国梦”。从个人的维度看，有的人的中国梦是“焊”出来的，有的人的中国梦是养羊“养”出来的，有的人的中国梦是攀登珠穆朗玛峰“攀”出来的，有的人的中国梦是挑战极限“练”出来的，而我的中国梦是“写”出来的。

我的故事得从20世纪70年代讲起。那时，我出生在伊春林区一个普通的家庭。我的父亲是一个老实巴交的钢铁厂的工人；母亲没有正式工作，靠出卖体力赚钱；我还有个身患“脾大”的哥哥，为了给他治病，家里节衣缩食，生活十分困窘。

因父母都上班，无暇照看我，就把我送到乡下的姥姥家。记忆中，那里鸡犬相闻，空气中弥漫着牛粪的气味，还有大片的农田，春天的时候我常和伙伴们去田地里挖野菜。我的姥爷虽然脾气火爆，但对我却很疼爱，他常常赶着毛驴车拉着我去收破烂，偶尔背着我舅舅家的孩子给我买吃的。我的童年就是在乡下无忧无虑懵懂地度过的。

到了上学的年龄，是父亲骑着自行车把我送进了学校。有一次，因家穷买不起校服，让我在师生们面前感到羞卑。我的父亲为人正直、和善，上过中学，是个有文化的人，他身穿的中山装上衣兜里，常常别着一支钢笔。记得有一次，家里的亲戚聚到一起合影，当时亲戚家的孩子都拿着玩具，而父亲却把他的钢笔塞进我手里，我就这样紧紧地攥着，那一幕永远定格在照片上，也深深地印刻在我的记忆中。

贫困给我年幼的心灵留下深深的烙印，也让我暗自萌生了将来要有所作为、出人头地的念头，但那时我还不明确自己想成为怎样的一个人。

在我成长的道路上，父亲常教导我，“人间正道是沧桑”，并对我寄予了厚望。父亲爱读马列主义、毛泽东著作，还能写文章。在他潜移默化地影响下，我也喜欢上了阅读，尤其是毛泽东的书。或许是毛泽东少年时就胸怀大志，虽身无分文，却心忧天下，立志要改造社会的故事感动并激励了我，所以，我非常崇拜毛主席，并立志要做一个对国家和社会有用的人。

记得我上初中的时候，接触了鲁迅的作品。这位中国文化革命的主将，以顽强不屈的斗争精神，批判并反思国人的劣根，试图唤醒民众的思想，重铸“民族魂”。在鲁迅精神的感召下，我心底埋下了成为思想者的梦想的种子，这使我后来坚定地沿着鲁迅的方向，最终走上了启蒙主义的道路。

不可否认，家庭出身对一个人命运的影响是不言而喻的。生在工人家庭的我很不甘心地公费考上了当地一所技工学校，20 岁毕业就进了钢铁厂，像父亲一样，也成为一名工人。炼钢厂的作业环境异常艰苦又危险，并没有诗人想象和描写得那么浪漫。电炉的轰鸣声像雷一样炸响，耀眼夺目的弧光宛若闪电，通红的炉膛里吐着火舌，溅舞的钢花时常灼伤人的肌肤，厂房里到处弥漫着浓烟……置身其境的人即使对生活充满美好的梦想，也会被眼前的景象惊醒，仿佛看到心中的梦想被这残酷的现实击得粉碎。此时，我感到了命运的无情和可怕，在强大力量的命运面前，我就像是一个玩偶，任凭她捉弄……

但是，信念告诉我：命运是无法让我屈服的，如果我的梦想还站立的话！

我信奉英国著名哲学家培根说的一句名言："知识就是力量。"因此，我每天手不释卷，"人休吾不敢休，人卧吾不敢卧"，苦读至深夜。

阅读的快乐让我暂时忘却了工作的烦忧，而书中的苏格拉底、柏拉图、亚里士多德、爱因斯坦等这些人类历史上的思想巨人，他们卓尔不群的思想，不时兴奋我的神经，让我会心地微笑，不禁沉浸在冥冥遐想中……或许正是从这时候开始，我奋斗的志向渐渐地明确了：既不是当大官，也不是挣大钱，而是要成为一个真正意义上的思想者，这就是我心底的梦想。

可是，我知道，自己毕竟是个小人物：论出身，我是工人家庭的孩子；论文化，我是技工学校毕业的；论地位，我只是钢铁厂里的一个普通的工人。我深知，历代的思想者都是对国家、民族，乃至人类有重大推动作用的人物。但是，我认为，思想者不是天生的，勤奋造就思想者。因此，我走上了自学的道路。

我参加了全国高等教育自学考试。这是一条异常艰难的道路，因为我是技校生，文化程度不高，自学又没有老师指导和传授，加之常年倒班，晨昏颠倒，工作任务繁重，学习的时间有限，摆在我面前的困难可想而知，我只能挤时间苦读和钻研。比如说，工余时间，大伙会聚到一起聊天，而我却从怀里掏出一本书来看一会儿。在他们的眼中，我就显得有点"另类"了。有时候，他们还对我说："整天捧着书本像那么回事儿似的，电炉轰轰响你还能看进去呀？你要是能考上大学，那太阳还得从西边出来……"面对他们的嘲讽，我无言以对，我知道只能用事实证明给这些人看。于是，我心里憋足了一股劲儿，系统地学习《哲学》《政治学》等十几门课程，历时7年的时间，最终获得了行政管理专业高自考大专文凭，后来又进修中文专业，就这样，原本技校生的我现在具备了大学本科文化程度。

除了喜欢看书，我还酷爱写作。进厂那年，我被厂通讯组吸收为业余通讯员，从事新闻写作，后来在报纸上发表大量稿件，又被《黑龙江工人报》聘为新闻工作者。这段经历，不仅增强了我敏锐的观察力，还为我打下了扎实的文学功底。但我更喜欢用笔自由地去表达思想，写出我对人生世相的感知，以及内心想说的话。正因如此，我放弃了新闻写作，而选择了文学，还给自己起了一个笔名叫“思想者”，用以明志和激励自己。

我是在怎样的条件下写作的啊！我得在工厂里干一宿活儿，下了夜班，拖着疲惫的身子回到家，顾不得睡觉，就伏在书桌上写呀，改呀，直到满意为止。

写作也是需要勇气的。只因为我是一个爱好写作的工人，所以有人认为我这是不务正业，他们说：“这年头人都寻思咋赚大钱，你写那玩意有啥用?”我还时常听到别人背后议论，说我是“神经病”。当工友们听说我打算写一本书时，都视我为狂想。

皇天不负苦心人。2005年10月，我终于出版了第一本书，书名就叫《思想者》，那一年我30岁。

此后的数年里，我已有百万文字发表在《人民日报》“大地副刊”、《北京文学》等多个省份的上百家报刊，我的名字也走进了千千万万读者的心中。

虽然我从普通工人成长为一名作家，但是，我很清楚，自己离思想者的奋斗目标还有很长的路要走，而且这条路将会更加艰辛。

那么，究竟什么是思想者呢？或者说，评判思想者的标准是什么呢？原中国人民大学校长纪宝成在答《人民论坛》记者时这样说——思想者的标准并没有太大改变，成为一名思想者至少做到以下三点：一是坚持与创新的统一，二是要有问题意识，三是要有敢为人先的勇气。

对照思想者的标准，我深深地陷入了思考，试图找到一条成为思想者的可行的途径。在我的脑海里，时常会浮现人类历史上各个领域的思想者。我发现，这些人中有不少是政治型或学者型的思想者，他们都提出并论证了某些重大命题，构建了所谓的思想体系。可是，我认为，思想者可以而且应当有不同的表达方式。

虽然自己成不了像他们那种类型的思想者，但是，我绝不放弃探索，也绝不会让我的梦想趴下，我相信，通往思想者的道路不止一条。

就在我感到迷惘的时候，我忽然想到了鲁迅，他采用的就是文学表达方式，对国民进行思想启蒙，坚韧不屈地揭露中国文化的痼疾，毫不留情地批判国民的劣根性，以期革新国民人格，重铸“民族魂”，因此才被毛泽东评价为“伟大的思想家”。受鲁迅的影响和启发，我眼前豁然开朗，知道了追寻梦想的路应该怎样走，那就是，高举启蒙主义的旗帜，沿着鲁迅的方向继续前进，终有一天会成为鲁迅式的思想者。

起初，我对鲁迅倡导的启蒙主义的认识还很肤浅，未能深刻领会他所提出的“首在立人”的主张。幸运的是，一次偶然的机会，我结识了原中国社会科学院博士生导师、鲁迅研究学会会长林非先生，在多年的交往中我俩成为忘年之交。作为我国著名学者的林非，认可并鼓励我研究国民性的选题，这样通过思想的启蒙，能促进中华民族整体素质的提升。最让我感动的是，林非先后 4 次把自己的著作从北京寄赠给我，供我学习参考。尤其是他的成名作《鲁迅和中国文化》，让我读后受益匪浅，最终完成了自我启蒙教育。

此后，我的眼界更加开阔了，我用思想者的视角关注国家和民族的命运。不知何时，社会上悄然盛行拜金主义，我意识到，倘若一个国家和民族一切都向“钱”进，则是非常危险的。对此，我写了《向前进还是向钱进》一文，对种种拜金主义现象给予了尖锐地批判。或许是该文过于“敏感”，以致上百家报刊不敢刊发。没想到的是，由中共中央党校主管、中国延安精神研究会主办的《中华魂》（2011 年第 6 期）却将此文发表了，说明了我的政治立场和观点是正确的，这让我满怀勇气和自信，继续创作

《中国人的另一面》。

近年来，不少媒体纷纷报道中国游客在海外的不文明表现，比如，公共场所大声喧哗、乱丢垃圾、便后不冲水，等等，国人的文明素质令人忧虑。我认为这绝不是一件小事，个人的行为关系着一个国家的整体形象。于是，我以恨铁不成钢的心情写了一篇短文《中国人，你为什么不争气》（原载《中国社会报》2010年9月26日），呼吁国人"知耻而后勇"，及早补上修养这一课。

中国文化的现状及前景，也是我十分关注的研究对象。当国人阅读纸质书籍的兴趣普遍锐减，当一些实体书店经营困难纷纷关闭，当文化衰微现象已成为不争的事实，我为此忧虑而沉思。中国文化欲振兴，其前提必须对传统文化进行澄清。这是因为，中国几千年的传统文化中有许多落后的、腐朽的因子，如封建伦理、宗法制度、官本位观念等仍在无形地侵蚀着人们的思想，若不剔除这些有害因子，那么，中国文化的大发展大繁荣必将受到阻碍。所以，我把多年对传统文化的研究和反思写进了《中国人的另一面》一书中，让国人认清中国文化存在的诸多糟粕，自觉地加以抵制和剔除。此外，我还花费很多时间和精力，深入挖掘并阐发了传统文化的精粹，认为"自强不息""厚德载物""和谐统一""变法图强""爱国主义"是我们民族文化精粹，具有普世价值，能够走向世界（《团结报》2012年7月28日《我们的文化精粹》）。

然而，最令我担忧的还是道德滑坡问题。我通过半年多的时间对近年来的道德滑坡现象进行深入地考查，撰文指出："如果把中国比作是一个正在崛起的巨人，那么，经济建设和道德文化就是她的两条腿，假如经济建设这条腿长，而道德文化这条腿短，试问这样的巨人最终能走多远?"并从"饮食文化"、"房价"、"酒驾"、"施助被诬"、"职业道德缺失"等多个层面进行了深刻地论述，写下了一万多字的《中国人的道德观察》（《青年教师》2012年第2、3期），试图通过本文找出当下社会道德滑坡问题的原因及对策，还对种种道德滑坡现象给予揭示和批评，以警醒国人，自觉地反思，用道德的力量托起民族复兴的希望！

有志者事竟成。我用多年心血创作的《中国人的另一面》这部民族性研究著作，于2012年9月由中国财富出版社正式出版发行，我的梦想终于实现了！

该书得到了鲁迅研究权威林非、张梦阳二位大家的认可和推荐。林非先生这样评价："此书秉承了鲁迅的精神，闪耀着启蒙的光芒。作者林振宇先生满怀赤诚地热爱祖国与整个民族的心情，揭示并反思国人的文化和精神，智慧地抒写人性，表达了不少新颖的见解，值得认真地进行阅读与思索。"

在追逐梦想的道路上，除了真心感谢那些曾经给予我帮助的人以外，我最想感谢这个时代，是伟大的时代，让我也能享有人生出彩的机会，通过不懈地奋斗，最终成就个人的梦想。从国家的维度看，"中国梦"要靠我们每个人梦想的追寻和实现，给这个国家的富强和繁荣提供充足的动力，也只有无数个体的追梦、圆梦的努力，才能塑造出中华民族的精神气质，一旦每个人的梦想汇聚在一起，就筑成了我们共同的期盼——中国梦。

第二章

为梦想而读书

知识即道

“道”者，路也，后引申为道理，即事物的规律，正如道路一样为人所共同遵循。

我们读书学知识，就是为了明白道理，洞察客观世界的规律。诚如古人说的：“读书以明理为先”，从这个意义上讲，知识即是道，大到宇宙，小到人生，能明了者，就是觉悟之人，谓之得道。

人生在世，如白驹过隙，是非常短暂的，与其稀里糊涂地白活一辈子，不如做一个明白人，人生的意义不过如此。因此，古代许许多多的圣贤智者才会孜孜不倦地“究天人之际，通古今之变”，乐而不疲地追求知识，觉悟更多的道理。

知识即是道。老子在《道德经》中告诉我们，在对待“道”的态度上有三种人，即“上士闻道，勤而行之；中士闻道，若存若亡；下士闻道，大笑之”。现实生活中也是如此，觉悟高的人听了道，勤勉地遵行；资质一般的人听了道，将信将疑；浅薄无知的人听了道，不但不相信，反而还大声地嘲笑，说“学那知识有啥用？”他们甚至还把爱好读书的人当作“傻子”。

应该说，人各有志，不能强求，所谓“道不同，不相为谋”，我们不必为此而苦恼，也不要去反驳，或者把我们的思想强加给别人，更不能因为世俗的言论而改变我们追求知识的道路。究竟谁才是真正的“傻子”，还是让实践去回答吧。

在有些人眼里，知识或许无用。但是，对智者来说，知识却是有用的，它与金钱无关，而关乎人生的意义，它会让我们懂得一些道理，告诉我们人应该怎样地活着。

孔子说：“朝闻道，夕死可矣。”我们可以把这句话通俗地理解为：早晨听说了圣人讲的道理，即便是晚上死了也无遗憾！孔子这种执着追求知识的精神让人十分敬佩，值得我们学习。

知识即是道，而“道不远人”，让我们在知识的道路上去探求并觉悟人生的真谛吧！

知识与财富

财富，人所欲也。通过正当的途径去追求财富，是人之常情，试问，谁愿意忍饥挨饿、过贫困的日子呢？

财富是生存之本，养命之源。我们生活的每一天，都离不开衣食住行，没钱万万不行！

财富是有形的资产，是物质丰富的象征，其价值可以用金钱来衡量。

那么，知识是什么呢？

知识是一种无形的财富，它与我们常说的金钱不同，它看不见也摸不着，隐藏在人的头脑中，既不会被盗走，又不会被掠夺，其价值无法用金钱来衡量。

知识是另一种富有的象征。古人讲：“才饱身自贵，巷荒门岂贫”。意思是说，富有才能的人，他的生命是富有价值的，就是身处简陋的居所，也不是贫困的表现。

然而，有知识的人不一定就能赚到很多钱财，那些腰缠万贯的富翁或许没有什么知识，这究竟是怎么一回事儿呢？

因为，发财这种事与知识没有必然的联系。发财是由多种因素决定的。比如说，有的人运气好，只花 2 元钱就中了 500 万元；又如“老干妈”麻辣酱的创始人陶华碧，一天学也没上过，是一个连自己的名字都写不好的农村妇女，可是她后来靠制作辣酱发家了，身价过亿。而很多饱学之士，只因为没有发挥才能的机遇，所以不能将知识转化为有形的财富。

也有这样一种情况，有的人所学的知识不实用，社会上根本不需要，就像《庄子·列御寇》里写的一个叫朱泙漫的青年，想学会一门一般人都不会的本领，变卖了所有家产，凑足1000两银子，到很远的地方学屠龙之技，苦学3年学成后回到家了，却发现世上无龙可杀，白花费了那么多学费和精力。这启示我们，不实用的知识是不能转化为财富的。

联想到当下社会，有许多家长花钱供孩子上大学，可是，不少大学生找不到工作，于是，有些人片面地认为知识没有用，也不能挣来钱，这种观点是错误的。

我们应当相信，知识是可以创造财富的，中外大富豪为我们作出了有力的证明。

李嘉诚出身清贫，父亲早亡，被迫辍学打工，少年的他毅然挑起赡养慈母、抚育弟妹的重担。尽管生活艰难，但是他深信知识可以改变命运，他不是求学问，而是“抢学问”，先是买来旧书，把读完的旧书卖掉，再买旧书来读。他就是凭着这种拼劲，才懂得了许多知识，使他后来终于成为华人首富。

美国的比尔·盖茨，早在他上中学的时候，就对计算机产生浓厚的兴趣，并能独立编出电脑程序。大学期间，为了实现自己的软件王国之梦，比尔·盖茨不顾家人的强烈反对，执意退学，和好友创建了微软公司。短短的几年时间，该公司研发的产品便风靡全球，他本人成为有史以来靠知识白手起家的最年轻的世界首富。

这世上有一样东西比黄金都贵重，那就是知识。如果谁能够拥有知识，谁就有希望找到并打开宝藏，成为一个富有的人。

知识改变气质

人与人之间性格差异在于气质。每个人都有自己的气质特征，就像树的叶子，没有一片是相同的。

气质并不神秘，就是指一个人的个性特点和风格气度，是个体长期形成的、相对稳定的一种心理特征。一个人的气质可以从他的思维方式、言谈举止、行为习惯等几个方面表现出来。

气质虽然没有优劣之分，但有高雅与低俗之别。大凡气质高贵的人，或是见识卓尔不群，或是言谈口吐珠玑，或是举止优雅得体，给人一种彬彬有礼、有教养的感觉。而气质低俗的人，即便她有西施的美，或是他有潘安的貌，或是高官、大款，倘若胸无点墨，也会俗不可耐，面目可憎。

那么，气质究竟能不能改变呢？

对于一个人来说，气质虽然相对稳定，但是通过后天的学习是可以改变的。高尔基说，“学问改变气质”，这句话是有一定的道理的。

所谓学问，即泛指知识。气质的形成，与知识有着非常密切的关系，知识塑造性格，知识改变气质。如果把一个人比作自然生长的花木，那么，只有经过知识的修剪才能成为一种有形的景致。

书籍是知识的载体，思想和智慧的宝库。一个人长久地浸淫在优秀健康的书籍里，内心就会变得丰盈，心胸也博大了，视野更加开阔，思想会深刻，智慧随之增长，性情得到陶冶，气质在潜移默化中改变，宛如深谷幽兰，散发馨香。

有这样一个例子：三国时期的吕蒙，本是行伍出身，没有文化，打仗很勇敢，粗俗但机智。有一次，孙权开导他，让他多读书，使自己不断进步。打那以后，吕蒙开始勤奋学习。鲁肃掌管吴军，上任途中路过吕蒙驻地，受到他的款待。但鲁肃还以老眼光看人，觉得他有勇无谋。在酒宴上，俩人纵论天下事，吕蒙的真知灼见，使鲁肃很震惊。于是，才有了“士别三日，刮目相看”这句话。

吕蒙前后气质的变化，说明了知识是变化气质的根本。如果说气质是潜藏内心而又表现于外的一种“相”，那么，“相由心生”。一个人的内心若被知识美化而改变了，他的相也在无形中变化，所呈现出来的气质就会和从前大不一样，或者说，气质变得高雅了。

知识点亮人生

人生需要用知识来点亮，才能终见光明。

或许很多年轻人有过这样的经历：最初对未来充满美好憧憬，也想出人头地。可是，现实是残酷的，遭遇的失败和困惑常常让人苦恼，无论你怎样挣扎、呐喊，都不能摆脱命运的捉弄，就好像命运有一双看不见的手，无情地将你推进一个巨大的黑洞里，使你看不到人生的一丝光明。日子就这样在浑浑噩噩、跌跌绊绊中度过。

那么，朋友，不要悲伤，不要叹息，也不要忧郁，知识就是点亮人生的火炬，请你将它高高地擎起！

请相信，知识会让你聪慧。只要你肯努力地去追求，就能得到它，你会变得聪明，然后拥有运用智慧去化解命运的魔力，从而摆脱困境。

请相信，知识会让你坚强，支撑你在人生的道路上无所畏惧地走下去，从容地笑对人生。

请相信，知识会让你充满力量。因为知识的里面潜藏着爱的因子，只要将它融入内心，就能使你焕发活力，释放生命的潜能，这力量足以撬动命运的磐石，让人生的轨迹发生偏转。

请相信，知识会让你海阔天空。没有知识的人，注定他的路是窄的，也不能走得很远；倘若有了知识，海阔凭鱼跃，天高任鸟飞，你就能施展才华，人生的舞台将随心而变大，精彩的演绎会与众不同。

人生的路就是这样曲曲折折：有低谷，也有高峰。当你的人生不经意地走进黑夜的时候，请别忘记带上知识的火炬，因为只有知识才能让你走出无边的黑暗，迎来黎明！

知识是梦想的翅膀

鸟如果没有翅膀，就不能飞向蓝天；人如果没有知识，就不能任重道远。

对于人来说，知识好比是一双隐形的翅膀，有了它就能像雄鹰一样，可以搏击命运的长空。

没有知识的人，就像蒿草一样，他的人生注定平庸荒凉；而有知识的人，则像禾稻一般，他的人生收获的是金灿灿的庄稼。

在《西游记》里，孙悟空原本是从一块灵石中蹦出来的猴子，虽有过人的资质，但那时还一无所学，什么也不懂。只是后来，他漂洋过海，觅得仙山，拜师学艺，终得神通。

什么是知识？简单地说，知识就是本事，泛指一个人所拥有的某种能力，就像孙悟空，他的神通，如七十二般变化、筋斗云等，就是知识的一种体现。

知识亦是智慧。《三国演义》中的诸葛亮，上知天文，下晓地理，文韬武略，奇门遁甲，神机妙算，近似神人。而他的智慧，皆来自于知识，是知识的另一种体现。

人并非生而知，而是学而知之，因此，知识在于学习。一个天资很高但不爱学习的人，就好比是一块璞玉，倘若不经历刻苦地琢磨，便不能成为贵重的玉器。一个人，只有终日乾乾，学习不止，才能获得很多知识，给梦想插上一双有力的翅膀。

知识在于积累。荀子在《劝学》中说：“不积跬步，无以至千里；不积小流，无以成江河。”这启示我们，知识的获得并非是一蹴而就的，而是靠一点一滴学习和积累，这是一个漫长的过程，若没有锲而不舍的精神，就不能“积学以储宝，酌理以富才”，成为一个学识渊博，才能出众的人。

知识在于创新。昨天的知识到了今天下午就成了旧的，今天的知识到了明天亦是如此。“学如逆水行舟，不进则退”，只有勇于创新，才能使自己的知识系统不断升级更新，更好地适应时代的需要。创新并非是完全舍弃旧的知识，而是在继承的基础上创新，汲取原有知识的精粹，促进知识科学发展和进步。

对于我们来说，知识是奋飞的翅膀，知识成就梦想，人生因为知识而精彩。古有苏秦，当初不得志时穷困潦倒，父母和妻子都轻视他，嫂子也不给他做饭吃。后来，他发愤苦读，有时候读书读到半夜，又累又困，他就用锥子扎自己的大腿。就这样，苏秦的知识比以前丰富多了，他合纵抗秦的主张得到采纳，身佩六国相印，从此扬眉土气，好不风光。

一个人无论梦想多么美好，倘若不借助知识的翅膀，就不能够奋飞而起，大有作为，这是一条颠扑不灭的人生真理。“少壮不努力，老大徒伤悲。”我们应当惜时志学，用知识武装头脑，成为一个有力量的人，才能成就自己的梦想。

学而问之

人之为学难得一个问字。说它难得，大抵是因为现在的学生很少发问：老师在课堂上授业，让学生就不懂的问题举手提问题，只见讲台下鸦雀无声，谁都不主动问老师；就是老师问学生，愿意回答的也没有几人，这种现象，十分普遍。

古人治学提倡“审问之”。审即指详细、仔细。审问之则意为对学问要详细地询问，彻底弄明白。

此外，古人还“不耻下问”。孔子曾说：“三人行，必有吾师。”他谦虚好学，认为别人有长处就应把他当作老师，无论是渔夫还是儿童，只要有不懂的问题，他就主动去请教人家，并不觉得是一件丢面子的事，正因如此，孔子才博学多才，成为了一个大学问家。

学与问之间紧密相关，学必有问，问对于学而言，同样重要。爱因斯坦曾这样说：“提出一个问题往往比解决一个问题重要，因为解决问题也许仅仅是一个教学上或实验上的技能而已。而提出新的问题，新的可能性，从新的角度去看旧的问题，都需要有创造性的想象力，而且标示着科学的真正进步。”

那么，我们在学习的过程中，是不是养成一个爱问的习惯呢？这值得自省。当我们遇到不懂的问题，是闷在心里，不懂装懂呢，还是积极主动地向他人请教呢？这种情况就像我们出远门，来到一座陌生的城市，想要去某个地方，但不知道路该怎么走，倘若自己瞎找，势必要费很大的周折，多走不少冤枉路，也不一定就能找到。老人常对我们讲，“鼻子底下有嘴”，只要我们诚恳地去问，就能得到别人的帮助，知道该走哪条路，顺利地到达终点。

学而问之，乃是获得真知的一条途径。然而，好问虽善，却不可不假思索地随口就问，即便致疑，首先自己要开动脑筋，对问题深入研究，如不得解，再求教他人。可见，问也是一门学问，善问者足以广才。

学而问之，不仅只是问他人，也要学会自问，就是给自己多提几个问题，如老师教的知识我都学会了吗？还有哪些问题我没弄懂？求解一道题是否有其他的方法？如此治学“三问”，久而久之，方能不断进步。

学而思之

知识在于学习，而学习离不开思考。它不仅是一种重要的学习方法，还是学习知识必备的一种能力。

有的人只注重学习，却忽视思考，结果他对学到的知识一知半解，更不能触类旁通、举一反三，把思维拓展到更广阔的空间，获得新知。

其实，学习与思考是人们在获取知识的过程中密不可分的。就二者关系而言，孔子早在2000多年前就已经认识到了。他说："学而不思则罔，思而不学则殆。"这里的"罔"同"惘"，是迷惑的意思；"殆"指疲惫。孔子告诉我们："只学习而不思考，就会迷惑不解；只思考而不学习，就会精神疲惫。"这启示我们：若要真正得到知识，就必须将学习与思考紧密结合起来，在学习时要勤于思考，在思考时也要深入学习，才能使我们对知识的认识由表及里，由浅入深，循序渐进。

思考是一种重要的学习方法，大凡成功者对此都有深刻的体悟。爱因斯坦这样说："学习知识要善于思考、思考、再思考，我就是靠这个方法成为科学家的。"因此，我们要学而思之，在学习中掌握并经常运用这种方法，才能学有所成。

思考也是学习知识必不可少的一种能力，我们不妨把这种能力叫做"思考力"。我们在学习的过程中，不仅要学习某些知识，还要对某个或多个与知识有关的问题进行分析、综合，或者运用概念去推理，得出正确的判断，这一系列的思维活动都需要靠思考来完成。倘若一个人的思考能力弱，就无法将学习提高到一个新的水平，更不可能取得优异的成绩。

那么，我们应该如何学而思之呢？

简单地说，我们要在学习的时候养成爱思考的习惯，凡事都要问个为什么，不能尽信书，还要有一种敢于质疑的勇气和精神，才能在学业上不断进步。比如说，一个苹果从树上掉下来，常人一般都不会去留意，更不会对此现象提出疑问："这个苹果为什么会落下来呢，是不是熟透了？为什么不向天上飞，却向地上落呢？"可是，牛顿思考了这一问题，经过不懈努力，最终发现了万有引力；而哥白尼不相信地球中心说，他深入思考，反复观测实践，科学地证明了地球不是宇宙的中心，它和其他行星一样，都是围绕太阳运动的。这说明，无论做什么事情，都要学会思考，才能有真知灼见，获得成功。

此外，我们还要自觉地培养独立思考的能力。假使我们在学习时遇到不懂的问题，就习惯地倚靠别人帮忙，而自己懒于思考，虽知其然，但不知其所以然，这对自己毫无益处。只有锻炼自己独立思考的能力，才能真正独立地解决问题。所以，我们应该将“学而思之”作为人生求知的座右铭。

学而时习之

《论语·学而》中有一句话：“学而时习之，不亦说乎！”这是孔子说的，意思是学后并且经常地去温习，不也很快乐吗？

然而，有的人不太理解孔子的这句话，认为反复学习同一样东西，甭提有多枯燥了，怎么还能有乐趣呢？

其实，这些人是没有完全理解孔子的本意。孔子传授弟子知识，不仅让他们学习，还让他在适当的时候温习或实践这些知识，就能“温故而知新”，从学过的知识中悟出新的见解来，难道不值得高兴吗？

即使是反复地学习，也是很有必要的。因为我们不是天才，并非什么知识一学就会，过目不忘。既然承认这一事实，作为凡人的我们，就要遵循学习的客观规律，把“学”与“习”结合起来，既要反复地学，也要不断地习，只有学习加实践，才能将知识巩固和提高。

我们讲“学而时习之”，就应像小鸟学飞一样。小鸟生下来是不会飞的，待到羽毛丰满了，翅膀有力了，它才能够时常反复地练习试飞，最终飞上蓝天。我们学习也要经过这样的过程，对于所学的知识，非“时习之”不能启悟得法，所谓熟能生巧，乃是学习之道。

有时候，我们学的东西看似简单，但要真正学会它，并非易事。譬如画鸡蛋，达·芬奇小时候对此不以为然，认为鸡蛋很好画，他都学会了，天天画这丑鸡蛋干吗？当达·芬奇不耐烦的时候，老师就对他说，别以为画蛋简单、很容易，要是这样想就错了，在一千枚蛋中从来没有两枚形状是完全相同的，即使是同一枚蛋，只要变换一个角度看它，形状便立即不同了。所以，如果在画纸上栩栩如生地把它表现出来，非要下一番苦功不可。打那以后，达·芬奇就时常练习画蛋，后来画出了《最后的晚餐》《蒙娜丽莎》等不朽的名作，在全世界享有盛誉。

当我们惊羡他人成就的时候，千万别忘记，他们也曾经历过“学而时习之”的艰辛的过程，“台上一分钟，台下十年功”，倘若不勤学苦练，哪能赢得别人的喝彩呢?

若问学习有何秘诀?那么，“学而时习之”应算作不是秘诀的“秘诀”。因为这个道理大家都知道，故不能成为秘诀，但是有的人在学习上总以为有捷径可走，非要问出个秘诀来，怎么办呢?我们不妨告诉他，学而时习之。他若相信并且身体力行，一定会有收获的，不仅可以弥补先天之不足，还能无师自悟书中之义，精进学业，品出学习的真味。

颜回的学习态度

颜回是孔子最得意的弟子。孔子称赞他：“一箪食，一瓢饮，在陋巷，人不堪其忧，回也不改其乐。贤哉，回也!”

颜回拜孔子为师之时，才十几岁，他个头不高，面黄肌瘦，衣着也很破旧，并没有给孔子留下深刻的印象。

后来，孔子渐渐地发现，这个学生读书非常用功，从来不迟到，而且每次弟子们回家吃饭，颜回总是最后一个离开，饭后又是第一个来到学堂，然后捧书诵读。时间久了，孔子就觉得很奇怪，这个学生有点儿特别，同样回家吃饭，为什么他每次来得都这么早呢?

有一天，孔子派人偷偷地跟随他，想看个究竟。

派出去的那个人回来后，如实地向孔子禀报，说颜回每天回家，只喝一碗菜汤，有时吃不饱，就到井边，用水瓢舀水喝，然后很高兴地去上学。

原来，颜回的家很穷，住在贫民区。父亲在城外种地，母亲给人家帮工，所以，都不回家吃饭。每天早上，颜母总是把菜汤做好了放在锅里热上，才外出干活，颜回放学回家就只能喝菜汤充饥了。

讲到这里，我们应当思考一个问题：现在的学生，无论是家庭条件，还是学习环境，和颜回相比，是不是更优越呢？然而，有些学生的学习态度不尽如人意，既不理解父母的一片苦心，又不能努力学习，迷恋网络游戏，荒废了学业，真叫人痛心啊！想想2000多年前的颜回，我们不觉得汗颜吗？他连饭都吃不饱，只要有书读，就觉得很幸福，即使面对常人都无法忍受的苦难，颜回也绝不会改变他对理想所持有的乐观精神，他的学习态度，难道不值得我们年轻人学习吗？

颜回之所以能够端正学习态度，和他的学习动机是分不开的。颜回的一生，没有像其他同学那样，做官或经商，而是跟随他的老师，志于圣贤之道，虽异常艰难，却锲而不舍，终得大成。不幸的是，颜回英年早逝，但是，生命的意义不在于长短，而在于价值，正因如此，他的名字千古流芳。

反观当下的学生，读书的动机只是为了当官，找份好工作，挣大钱，少有像颜回那样，志于圣贤，追求较高的道德修养。

我们年轻人应当效仿颜回，端正学习动机和态度，勤奋刻苦地读书，待学有所成之后，更好地报效国家，服务社会和人民。一个人，只有树立高远的理想，才能激发自身的潜能，在学习的道路上，克服万难，进步才会快，才会抵达光辉的顶点。

学习是一种能力

学习无论是对人还是对动物而言，最初都是一种本能。所不同的是，前者是有意识地去学习，而后者则无此意识。

雏鹰学习飞翔，羚羊学习奔跑，虎豹学习捕食，这种能力的获得都是自发的学习行为，只是为了生存的需要，体现“物竞天择，适者生存”的自然法则。

而人从自然界进化出来以后，就有了自觉的学习意识，学习不再是自发的行为，也不仅仅是为了填饱肚子，更多的是为了认识世界，拥有掌握和驾驭自然界客观规律的能力。正因如此，人类才具有顽强的生命力，可以繁衍下去，生生不息。

学习对于人来说，是一种非常重要的能力。一个人若要在社会上立足，就必须具备一定的学习能力，否则将会被淘汰，无所作为，甚至连生存都成问题。

大凡成功的人，最显著的特征是具有较强的学习能力，不断地用知识弥补先天的不足，积累经验，发展智力，增益其所不能，才能成就一番事业。

然而，学习能力的获得，首先来自于我们主观上对学习正确和深刻的认识。有的人对学习持不以为然的态度，认为不学习照样能赚钱，甚至还嘲笑那些爱学习的人。这样的观点是片面的，原因在于，赚钱也是一种能力，倘若不学习，怎能有赚钱的本事呢？他们的这种说法岂不自相矛盾？所以，一个人只有对学习产生正确的认识，才能主动地去实践，获得成长所需要的各种能力。

学习能力的获得并非是轻而易举的。学习本身就是一项艰苦的劳动，这过程要经历许多困难和挫折，就像小孩子当初学走路那样，免不了要摔几个跟头，之后才能走得平稳。

学习能力的获得也不是一蹴而就的。俗话说，“一口吃不成胖子”，学习也是这样，需要长期不懈地坚持，循序渐进，日积月累，“学至气质变化，方是有功”（程颐）。

开卷并非皆有益

关于开卷是否有益这个问题，常引起人们的争议。有人说有益，认为只要打开书本读书，总会有好处的；有人说无益，认为书有好有坏，读了坏书就没什么好处。

那么，开卷到底有没有益呢？这个问题要辩证来看。

我们知道，“开卷有益”是一成语，来源于《渑水燕谈录》。当时，宋太宗赵光义每天坚持阅读《太平御览》3 卷，有时因国事忙耽搁了，他也抽空补上，并常对左右的人说：“只要打开书本总会有好处的。”后来，“开卷有益”这句话便作为成语，常用以勉励人们勤奋好学，多读书就会得到益处。于是，有的人以为凡书皆可读，既不问书籍的内容，也不加以甄选，信手拈来，认为读了就有好处，事实难道真的是这样吗？

《庄子·列御寇》篇有则故事：一个叫朱泙漫的年轻人什么都想学，为了学会一门特殊的本领，他变卖了家产，带了 1000 两黄金到一个叫支离益的地方，拜师学杀龙的技术。3 年后，他学成回家，兴奋地向人们吹起杀龙的技术：怎样按住龙头，踩住龙尾，怎样从龙颈上开刀。大家听完以后笑着问他：“什么地方有龙可杀呢？”朱泙漫这才恍然大悟，原来，世界上根本没有龙这种东西，他的屠龙之技算是白学了。

有些人读书不就像朱泙漫学屠龙那样吗？盲目地学习而不做选择，结果误入歧途，不仅浪费了时间和精力，还学无所用，这是读书无益的表现。

有时候，读书不仅无益，还会有害。我曾看过一篇报道：有个年轻人因为犯强奸罪而锒铛入狱。此前，警方在抓捕他时，在他家的卧室里翻出大量的淫秽书籍。事后，年轻人向警方如实地交待说，只因为长期看淫秽书籍而不能自拔，最终才走上了犯罪的道路，现在他后悔莫及，是坏书害了他。

由此看来，单纯地说开卷有益或无益都是片面的，但可以肯定地说，在一定条件下，开卷并非有益。

臧克家说：“读过一本好书，就像交了一个益友。”那么，读过一本坏书，不就像交了一个损友吗？益友会带给我们很多好处，对我们有所帮助；损友恰恰与此相反，可能会把你戕害。交友要慎重，读书也要慎重。

所谓“近朱者赤，近墨者黑”，交友要有眼光才能交到好友，读书要有鉴别才能选到好书。屠格涅夫告诉我们：“不要阅读信手拈来的书，而要严格地加以挑选。”好书是营养品，有益身心健康；坏书是毒草，不但无益，还会害人！所以说，开卷并非有益。

谁解书中味

古人读书是非常刻苦的。比如匡衡“凿壁偷光”、车胤“囊萤”、孙康“映雪”、孙敬“头悬梁”、苏秦“锥刺股”，等等。对于古人的这种苦读的态度，有些今人表示不理解，认为这样的读书榜样不宜效仿，还有不少作者在报刊上撰文说，“读书本应是一件快乐的事儿，而古人的这种苦读又何乐之有呢？”意思是说，古人读书时的内心体验一定不快乐，品尝不到读书的真正滋味。

其实，我以前也曾有过类似的看法，认为读书纯粹是个人的喜爱，至于像古人那样，把头发系在屋梁上，或是用铁锥子刺大腿，强迫自己苦读是不宜的。

后来，回顾我早年的读书经历，才意识到，我这种看法是不对的。我们今人只是站在一个旁观者的角度来看古人，片面地以为古人读书很苦。其实，我们都理解错了，因为我们不是古人，又怎么知道古人读书时的体验是“苦”的呢？苦不苦也许只有古人自己知道。这就好比我们不是鱼，又怎知道鱼儿在水里快不快乐呢？或许鱼儿自己知道。

读书的过程看似很苦，其实这其中却蕴含甜蜜和快乐。这就像老百姓常说的一句话：“没有苦，哪有甜。”在我 20 岁那年，怀着对生活的美好憧憬，进了一家钢铁厂当上一名工人，为了将来能有一番作为，也为了用知识改变个人的命运，常常把书揣在怀里，工余时就掏出来抓紧时间瞄上几眼。在冶炼的工作现场，在震耳欲聋的电炉的轰鸣声中，在烟雾缭绕的厂房里，我就躲在一个不被人注意的昏暗角落里，聚精会神地看书。在旁人看来，我在这么恶劣的环境里读书，内心的感受一定很苦，但我要说的是，当时的我无论干什么工作，也无论活儿有多累，只要有时间能让我看会儿书，我就会沉浸在阅读的快乐中。如果说读书一点儿也不感觉到苦，那是假话，但苦中有乐，苦后有甜。当我靠多年的自学获得了黑龙江大学颁发的高自考文凭时，那种喜悦是不言而喻的。

读书的这种体验，让我想到了身边爱好打篮球的朋友。当我看见他们在篮球场上打比赛时，一个个累得气喘吁吁、大汗淋漓，有时还会意外受伤，就以为他们很苦。其实，我的判断是错的，他们告诉我，完全不像我想的那样，而是觉得打篮球很过瘾。

于是，我就想到，今人看古人苦读，和我看朋友打篮球，这二者是何其相像啊！然而，我们的想法却与他们的真实体验大相径庭，无论是读书还是打篮球，对于某些人来说，都是个人的爱好，而沉浸其中的人是不觉得苦的。

都云读书痴，谁解其中味！从我个人的读书体验来说，真正的读书人，都是因为爱好而读书，若想知道他们心中到底苦还是不苦，只要看一下他们读书时脸上露出的动人微笑，就知道答案了。

读书当如坐禅

读书真正目的是开智慧，这样才能解疑释惑，觉悟世间的道理。这一点和修佛有些相似。修行佛法也要求人开智慧，这样才能广学多闻，使人觉悟，最终明了宇宙人生的真相。其实，这也是一种境界。

佛学里面有个概念叫“坐禅”，也叫“禅定”，是达此境界的必经途径，也是不二法门。那么，什么叫“坐禅”呢？禅宗六祖惠能大师在《坛经》里面解释说，外不著相叫作禅，内不动心叫作定，也可以叫作“坐”，坐就是定，坐禅就是禅定的意思。这个解释是他从《金刚经》上悟得的。《金刚经》里面有一句话叫“不取于相，如如不动”：“不取于相”就是外不著相，行住坐卧都是禅；“如如不动”就是内不动心，一心不乱就是定，由定才能得慧。这就是说，只有“坐禅”才能开智慧，才能觉行圆满。

读书当如坐禅。我们读书也应该是这个样子，“外不著相，内不动心”。“外不著相”是说我们读书不应该注重外在的形式，无论是坐着、卧着，还是走着，都可以读书，都能达到忘我的境界，这就好比出家人无论是打柴、挑水，还是做饭，都可以修行，时时刻刻都在念佛，读书也是这样。“内不动心”是说我们读书时不要被外面的环境所干扰，所迷惑，也不要三心二意，心起妄想，应做到一心不乱，专心致志。读书当如坐禅，就像出家人修行时内不起是非人我之见，不生贪瞋痴慢疑之想，外不受五欲六尘的诱惑一样，才能开悟化境。

毛泽东读书就深谙其道。他之所以能博览群书，精通古今，指点江山，激扬文字，创造伟业，与他读书得法是分不开的。毛泽东读书就做到了“外不著相，内不动心”。他行住坐卧常手不释卷，不仅如此，年轻时常到闹市中读书，并能够摒除一切私心杂念，集中精力，身心合一，不被外境所扰，以至达到一心不乱，心如止水，忘我入神的“坐禅”境地。

书善读可养心

读书虽然不能直接解决诸如衣、食、住、行等问题，但善读之可养心。

这里说的养心，并非指的是心脏患有某种气质性的疾病，诸如心脏病等，通过读书就能养好的，读书毕竟不是灵丹妙药，包治百病，如果某人患有此类疾病，一定要及时地看医生，这才是正理。

这里说的养心，指的是在现实生活中，人们承受着来自不同方面各种各样的压力，诸如中小学生承受着学习的压力，大学生承受着就业压力，上班族承受着工作快节奏的压力，病人则承受着高额医药费的压力……人的心理承受能力是有限的，某种压力一旦超过了人的心理负荷，就会出现精神抑郁、心灵空虚、意志薄弱、思想消极、行为怪异等心理方面的疾病，这些心理疾病就像病毒一样，足以摧毁人体这部机器，绝非危言耸听！针对此类疾病，读书是可以把它"养"好的，或者说书可养心。

书善读之可以养心。不同的病人，根据不同的病症，可以选择对症的书籍阅读，就会收到意想不到的疗效。精神抑郁的人，选择放飞心灵类或是幽默笑话类的书，读之可驱散苦闷，增添乐趣，缓解压抑，心胸豁然开朗；思想消极的人，选择成功、励志类的书，读之可激人奋进，获得积极的心态；意志薄弱的人，选择名人传记类的书，读之可增加信心、力量和勇气，心怀梦想，百折不挠；心里空虚的人，选择信仰、修身类的书，读之可获得精神上的寄托，淡泊明志，宁静致远……

总之，这世上没有什么比读书更能养心的了，不信你就试试看吧。

也求甚解

读书大致有两种态度：一种是不求甚解，一种是也求甚解。

有的读书人选择不求甚解，源自陶渊明的《五柳先生传》："好读书，不求甚解；每有会意，便欣然忘食。"这个理由似乎很充足，但却曲解陶渊明的本意。我们知道，中国人的语言是很复杂的，同一句话在不同的语境里表示的意思也不尽相同。就"不求甚解"这一词语来说，人们只抓住陶渊明说的前一句，而丢掉了后一句，如果把这两句放在一起加以理解，就不难看出，不求甚解是陶渊明一种自谦的说法，另外还有一层意思是说，他对所读的书不执着于字句的解释，而是观其大意，注重领会其精神实质，其实这也是一种读书的方法。对于“不求甚解”应当怎样理解，邓拓在《燕山夜话》中有精辟地论述和解释，我们不妨翻出来看看，以免对陶渊明说的这句话产生曲解。在这里，我们不研究读书的具体方法，而是就读书的两种态度加以探讨。

读书的经验告诉我们，同样一本书，有的人读了漠然不知其味，全无印象；有的人则能吸取精华，发现问题，得出自己独到的见解。

我国南北朝时，有个学者叫陆澄，他从小好学，相当刻苦，青灯黄卷，皓首穷经，“行坐眠食，手不释卷”，可他读了三年《易经》，背得滚瓜烂熟，却不明白书中的道理。我们知道，孔子也好《易经》，反复地读，把穿竹简的牛皮绳都磨断了三根，在读的过程中，他十分注重思考，深钻细研，不放过一字一句，直至弄懂为止，最终成为一个大学问家。为此，我们不禁要问：同样读一本书，为何二者收效的差距这样大呢？原因就在于前者不求甚解，后者也求甚解，是读书的态度使然。

不求甚解的人读书就好比是猪八戒吃人参果。《西游记》里有这么一段，说的是孙悟空在万寿山五庄观偷着打下 3 个人参果，拿回来与猪八戒和沙僧分着吃。猪八戒食肠大，口又大，一则是听见童子吃时，便觉馋虫拱动，却才见了果子，拿过来，张开口，轱辘地囫囵吞咽下肚，却不知有核无核，是什么滋味，结果闹出了笑话。

所以，对于读书的态度应该也求甚解，就像吃东西时，只有细嚼细咽，才能品出其中的真味。

闲读书与读闲书

我平时最大的嗜好就是读书了。我曾和朋友嬉言，“饭可一日不吃，书不可一日不读”。我是读书成了瘾，不亦乐乎。若问我读书有什么诀窍，一言以蔽之，那就是闲读书与读闲书。

闲读书是指平时闲着没事儿或是忙里偷闲，只要一有可利用的空闲就绝不放过，挤时间读书。有些人总抱怨说没时间读书，把忙字挂在嘴边，也不知道整天忙什么。其实，只要肯读书，时间就像海绵里的水，想挤总是会有的。

譬如说，在繁忙紧张的工作中，总会有一些间歇时间，这时大伙儿坐下来休息，或是喝茶，或是吸烟，或是聊天，我则坐在一旁，把要读的书拿出来，闹中取静，专心看书，不被外界干扰，心如止水。虽然每次间歇时间很短，但是在有限的时间里看一页得一页的收获，日积月累，很多书就这样被我读完了。

下了班回到家，吃过晚饭，没啥事儿了，家里人或是看电视，或是做家务，我则利用休息时间抓紧读书，或坐或卧，也甭管什么正确姿势，只要随意就好；读书读得实在累了，就索性躺在床上，枕着书美美地睡上一觉，感觉妙不可言。久而久之，读书成了我缓解工作压力和疲惫的一种生活习惯。

有时出远门，我也不忘随身带上一本书，在候车室里找个座位，一边看书，一边等车，直到列车进站。上了车，我会继续看书，一路上有书为伴，旅途不再寂寞。

所以，不要轻视这些琐碎的、微不足道的空闲时间，让它白白地浪费掉，如果把它们一分一秒地充分利用起来，足够让一个人读好多好多的书，甚至帮他完成某种学业。我就是这样闲读书的，并且受益匪浅。

那么，读闲书又是怎么一回事儿呢？就是鲁迅先生说的，“看看本分以外的书……即使和本业毫不相干的，也要浏览。譬如学理科的，偏看看文学书；学文学的，偏看看科学书，看看别个在那里研究的，究竟是怎么一回事。这样子，对于别人、别事，可以有更深的了解。”

那么，读闲书有什么好处呢？它使自己博学广才，就像蜜蜂那样，只有采得百花才能酿出好蜜。如果只专一门，不及其余，就像小孩儿搭积木，到了一定的层次，就再也上不去了。鲁迅先生就擅于读闲书，经常随便翻翻，无论是诗稿、史书、小说，还是佛学、金石学等都翻过，所以才开阔了视野，丰富了知识，给他一生的著述带来了巨大的好处。

读闲书与读本门专业的书最大区别在于：前者可以根据自己的性情和兴趣有选择地读，所以不觉得枯燥乏味，在阅读中获得快感；后者因为往往是为了应试，求取文凭，所以不论你喜欢与否，都是必须要读的，这样的读书就比较机械、生硬，毫无乐趣可言。

我是喜欢读闲书的。我学的是行政管理专业，除此之外，我读《易经》《孙子兵法》，也读哲学、历史、经济学、逻辑学、美学等，但我更喜欢读文学，如《毛泽东诗词》《鲁迅全集》等，尤其喜爱中国古典文学，如《菜根谭》《世说新语》《吕氏春秋》《四书》，四大名著、唐诗、宋词等，当然，我还涉猎一些外国文学名著，像《简·爱》《巴黎圣母院》《茶花女》《时间简史》等。通过读闲书，我觉得自己变聪明了，“书生不出门，便知天下事”，我好像变了一个人，不再孤陋寡闻了。读闲书对我的写作很有帮助，正如古人说的“读书破万卷，下笔如有神。”多年来，我发表了大量作品，还出版了一本散文集。总之，我之所以有今天的成绩，得益于闲读书与读闲书。

读书要除功利心

没有功利追求，你还会读书吗？面对这样的问题，不同的人的选择可能不同。

而时下某些人读书，往往功利心太重。比如写诗、写文章，有人就会问这有什么用。若告诉他，只是喜欢而已，没什么用。那人听了便会摇头，用异样的眼光看你，或许还会说：“有时间干啥不好，还看书？”如果你告诉他写东西能有稿费，或许还能出名呢。那人的态度可能瞬间又来个一百八十度的转弯，对你另眼相看，赞许地说：“有头脑啊！这年头琢磨挣点儿钱才是正事儿。”

在以“学而优则仕”为价值观的社会，人们为了当官，做“人上人”，可以经年累月埋头苦读，一次考不中就考两次、三次……有人甚至熬白了头，直到考不动了，才很不甘心地放弃。

现在，不少人对读书仍抱有很强的功利心。不论在家中，还是在学校，人们常常接受这样的灌输：“只有好好学习，将来才能考上大学，找份挣钱多的好工作。”这些人读书似乎就是为了一纸文凭，然后找份好工作。社会的现实也把人们往这个方向推动。倘若没有文凭这块“敲门砖”，即使你很有才能，也可能被许多门槛无情地挡在外面。读书往往受这些外界的诱惑，一旦得到，便放下书本，一心发财；而得不到，则高呼上当。

其实，不少时候我们需要一种无关名利的阅读。它就像精神的面包，为生命所需。吃饭强健身体，读书则强大精神。一个人，即便骨骼健全，倘若精神上有缺陷，他也不是一个健康的人。这个道理对一个民族亦是如此。而读书恰能弥补这方面的不足。很难想象，一个不爱读书的民族如何拥有智慧、文明和伟大。因此，应有这样一份豁达——把读书当作生活习惯，超越浮躁，获得真知，完满人生。

林非先生的读书心态

林非先生是我敬重的学者、散文家。作为学者，他著作颇丰，已经出版了《鲁迅前期思想发展史略》《鲁迅小说论稿》《中国现代散文史稿》《文学研究入门》等多部学术论著；作为散文家，他创作了《访美归来》《绝对不是描写爱情的随笔及其他》《林非散文选》《林非游记选》《中外文化名人印象记》等多部作品。2002年高考语文试题还选用了他创作的散文《话说知音》，让人们记住了他的名字。林非先生迄今为止已出版了30余部著作，成就斐然，这与他酷爱读书是密不可分的。

林非先生从幼年起就开始读书，一直读到耄耋之年。这期间他经历了人生许多的艰辛和忧患。但是，无论命运发生怎样的曲折和变故，他从来都没有间断过读书。比如说，他在地震中读书，他在“史无前例”的岁月里囚屋夜读和牛棚背诗，这种苦读的毅力和精神令人钦佩和感动。

林非先生读书涉及的范围十分广泛，政治的、经济的、法律的、社会的、历史的、文化的书，无所不读。他读中国的书籍，像《三国演义》《论语》《诗经》《二十四史》《儒林外史》《明夷待访录》《鲁迅全集》，等等；也读外国的书籍，像《社会契约论》《贝多芬传》《思想录》《马克思恩格斯全集》《精神分析引论》《论法的精神》，等等。可以说，古今中外的书他读了不少，也正是因为读书，才使他成为了学者和作家。他太热爱读书了，就像是一个饥肠辘辘的人一心扑在面包上。他表示，还要继续这样地读下去，一直读到生命的最后一天。读书已经成为他生命中的一部分。

纵观世人读书，虽所持心态各异，但不外乎以下种种，有的是为了“颜如玉”、“黄金屋”、“千钟粟”；有的是为了训诂释词、堆砌炫耀、消遣解闷；有的是为了找份好工作，升官发财、光耀门楣。那么，林非先生矢志不渝地读了一辈子的书到底是为了什么呢？或者说，他是抱着怎样的心态读书的呢？

当我再一次翻看林非先生赠予我的《读书心态录》时，我在他写的“后记”中找到了答案。他这样写道：“读书应该是为了从大量的文字材料中寻求必然的规律，对历史和时代得出更为深刻的认识，获得许多具有独创性的发现，从而极大发展前人认识世界的成果，推动科学、文化与整个社会的向前迈进。”由此可见，林非先生读书的出发点与别人不同，他读书并不是单纯地为了求知，而是想去印证和观察面前的社会，想去寻觅与探求理想的人生，他长期思考着的就是如何在自己民族的土地上，建立一种合理和健康的现代文明秩序。因此，他正是怀着此种心态去读书的，并且准备在有生之年，尽量再扩大自己阅读和思考的范围，直至读到生命的最后一天。

“拆卸枪支”与读书方法

拆卸枪支原指把枪支先整体解体，再设法把拆卸下来的零部件重新装起来，使其恢复到原来的样子。但在这里指的是一种读书方法，而非简单的肢体动作。有人或许觉得新鲜，认为“拆卸枪支”与读书方法二者风马牛不相及，怎么会是一种读书方法呢？细究起来，这里面还有一个鲜为人知的缘由呢。

据林非先生说，20 世纪 60 年代初，他在《文学评论》编辑部工作，奉命去西安南部的皇甫村，访问著名的小说家柳青，请他为刊物撰写文学批评论文。当时林非见到柳青时，怎么也想不到，眼前这位大名鼎鼎的小说家打扮得就像庄稼汉模样，两人一见如故地聊了起来。柳青先是畅谈着当时风云变幻的世界局势，后来又转到了读书的话题，谈起看书的近况，笑眯眯地告诉林非说，最近正在精读托尔斯泰的长篇小说《安娜·卡列尼娜》。柳青自己也承认，这绝非是一般意义上的阅读，而是要认真地理出情节的线索来：为什么这部小说的开端要写奥勃朗斯基呢？安娜和吉提这两条线索是怎样展开的？渥伦斯基又是在什么样的交叉点上露面的？柳青打了个很有趣的比喻，说是读这部小说时，对待其中的每一个情节，就像弄清枪支的每一个零件那样，先是一件件地拆卸下来，然后再设法把它组装和复原起来，经过了这样比较艰苦的分解和重新组合之后，小说的全部脉络就显得分外清楚了。这就是“拆卸枪支”读书方法的由来。

这一读书方法有它新颖和独到之处，是柳青在读书实践中总结出来的宝贵经验，值得我们学习和借鉴。我常常在想：同样是读一本书，为什么有的人读得明明白白，收获颇多，而有的人读得糊里糊涂，一无所获，原因就是读书的方法不当。倘若我们掌握了柳青提倡的“拆卸枪支”这种读书方法，并用以指导我们的读书实践，那将是大有裨益的。

李宗吾怎样读书

清末民初，有一奇人，冒天下之大不韪，发前人之未发，创立厚黑学，大旨言一部二十四史中的英雄豪杰，其成功秘诀，不过面厚心黑而已，还引历史事实为证。其言论一经公开发表后，一时间舆论哗然，备受争议。可是，耐人寻味的是，只能做不能说的厚黑学，竟然一版再版，至今畅销不衰。那么，这位神秘奇人是谁呢？想必大家已经知道，他就是名扬天下的李宗吾。

李宗吾生于清光绪五年（1879 年）一个普通的农家。早年进成都高等学堂习数理，曾加入同盟会。民国初年，出任省审计院科长，官产清理处处长，后任富顺县中及绵阳省中校长，省督学和四川大学教授。他原名叫世全，又改为世铨，入学后就改为世楷，字宗儒，意在宗法儒教，信从孔子。后来他发现儒教痼疾过多，遂改名为宗吾，表示与其宗法孔子，不如宗法自己。除《厚黑学》外，他还出版了《社会问题之商榷》《制宪与抗日》《中国学术之趋势》等十余部，可谓著作颇丰，影响甚广。在这里我们暂且不谈《厚黑学》及他的传奇人生，单说李宗吾怎样读书，或许我们从中可以得到某些启发。

李宗吾说他自己是个“懒人”，不好读书。其实，这是他的自谦之辞。试想，作为大学教授，又是学者的李宗吾，倘若不读书，那些渊博的知识从何而来？只不过他反对不得要领地多读书，读死书罢了。他举例说：熟读兵书者莫如赵括，长平之役一败涂地；读书最多者如刘歆，辅佐王莽，以周礼治天下，闹得天怒人怨；注《昭明文选》的李善，号称书簏，而作出的文章就不通。

他还打个比方，大意是说，书这个东西，等于食物一般。食所以疗饥，吃多了不消化，会生病；书读多了不消化，也会作怪，越读得多，其人越愚，古今所谓书呆子是也。

李宗吾读书有个特点，无论什么书，抓着就看，先把序看了，只看首几页，或从末尾倒起看，或随意在中间乱翻来看，或跳几页看，略知书中大意就行了。如认为有趣的，他就细细地反复咀嚼，于是一而再，再而三，就思到别的地方去了。从上述中我们发现，李宗吾很会读书。他并非像古人那样埋头苦读、多多益善，而是随手翻翻、只观大略、学思结合、举一反三。

李宗吾说他读书的秘诀是“跑马观花”。有人曾问他：“你读书既是跑马观花，何以这《厚黑丛话》中，有时把书缝里细微事，说得津津有味?”李宗吾回答：“说了奇怪，这些细微事，一接目即刺眼，我打飞跑时，曾见一朵鲜艳之花，即下马细细赏玩，有时觉得豆子大的花儿，反比斗大的牡丹，更有趣味，所以书缝细微事，也会跳入《厚黑丛话》中来。”

我们知道，中国的书浩如烟海，而一个人的精力又是有限的，即便是“跑马观花”，穷尽一生也看不完。但这种读书方式与“下马观花”或是“走马观花”相比较，“跑马观花”的可取之处在于，可以在短时间内获得所需要的大量的信息。“跑马”的目的是为了“观花”，这就是说，在读书的过程中并非“一跑而过”，毫不留心；倘若遇到“刺眼之物”（即重要的、有用或有趣的信息），就要“下马”看个究竟，“细细赏玩”，然后把它铭记在心，以期学以致用。

我们应当怎样读书

有人说，世界上最动人的皱眉是在读者苦思的刹那，世界上最自得的一刻是在读书时那会心的微笑。

有这样一幅画面：第二次世界大战时期，英国伦敦遇到德军的空袭，很多房子被炸塌了，有一处图书馆也已倾颓，地面满是尘土和砖石。然而，令人震撼的一幕出现了，几位穿着得体的英国男人，竟然不顾敌机刚刚离去，穿进废墟的图书馆，挑选自己喜爱的书，然后全神贯注地看了起来。

我们听说英国男人素有绅士风度，在上面这幅画面中，我们从他们读书时流露出的神情上可以看得出来。英国人酷爱读书，就像英国著名戏剧家莎士比亚说的，“书籍是全世界的营养品”，在英国人的家里，书是必备的。英国人认为，读书是一件有“面子”的事儿，在朋友高谈阔论时，如果谁没读过某本畅销书，谁就会觉得很尴尬。可见，他们读书没有那种功利色彩，而是一种发自内心的自觉的习惯。

去过俄罗斯的人都会注意到，无论是在候机大厅、车站、码头，还是在公园、地铁，处处可以看到手捧书读的俄罗斯人，是这个民族独特的一道风景。高尔基说：“我扑在书上，就像一个饥汉扑在面包上。”或许在俄罗斯人看来，书籍和面包同等重要，是生活中不可缺少的重要的一部分。

反观中国人读书，一个很大的误区就是功利心太重，他们总是抱着实用主义的观点来看问题。

就说古人吧，“两耳不闻窗外事，一心只读圣贤书”，他们之所以这么执着地读书，其目的只有一个，就是为了考取功名。在那个“学而优则仕”的社会背景下，人们只是为了当官、做“人上人”，才经年累月埋头苦读。一次考不中就考两次、三次……有的人甚至考白了头，直到考不动了，才很不甘心地放弃。《聊斋志异》作者、清代著作小说家蒲松龄，一生热衷于科举，他 19 岁成为秀才，以后的几十年里都在考试，却名落孙山，直到 72 岁才成为贡生。吴敬梓笔下的“范进”，也是读书人的一个典型。他追求功名利禄，20 岁起屡试不中，直到 54 岁才得了个秀才。后来，当他得知真的中举，却疯了！

今天的中国人，无论是在家里，还是在学校，家长和老师都会向他们灌输这样一种思想：“只有好好学习，将来才能考上大学，找份挣钱多的好工作。”中国人读书似乎就是为了一纸“文凭”，找份好工作。

社会的现实也让我们意识到：倘若没有文凭，没有这块“敲门砖”，即使你多么有才能，也会被许多门槛无情地挡在外面。而在诸多的职业中，公务员备受大学生们的青睐，全国各地每年报考公务员，都会出现异常火爆的场面，竞争之残酷，非亲历者是无法感受到的。只有考上公务员，才能进政府机关，无异于现代版的“科举制度”，也是“学而优则仕”在今天的再现！

中国人读书往往来自外界的诱惑，如“千钟粟”、“颜如玉”、“黄金屋”，等等，倘若一旦得不到，则会高呼上当。因此，中国人读书大多是一种被动的行为。

而以色列人却不是这样。犹太民族自古以来就崇尚知识和智慧，爱好读书是这个民族的优良传统。据说他们至今还保留着一个风俗，刚开始教孩子读书时会在旁边放一罐蜂蜜，让孩子边看书边舔食。潜移默化，久而久之，孩子们的头脑中有一种“书是甜蜜的”意识，自觉地爱上书籍，并在阅读的快乐中成长。

那么，中国人应该怎样读书呢？就心态和动机而言，中国人应该走出读书的误区，培养一种平和、超脱的气度，少一些急功近利，将读书视为我们生命中的一部分，成为一种习惯。

一个人，不仅要有物质生活，还要有精神生活。当他的衣、食、住、行等最基本的物质需求满足以后，就会追求一种精神上的需求。而读书则是精神生活的一种方式，同时又补给了我们的这个需求，让我们的精神生活丰盈起来。

其实，纯粹的读书无关名利，完全是发自内心的，它就像精神的面包，为我们提供生命所需。吃饭可以强健我们的身体，读书则可以强大我们的精神。一个人，即便骨骼健全，倘若精神上有缺陷，也很难说他是一个健康的人。一个民族亦是如此，而读书能够弥补其不足。很难想象，一个不爱读书的民族如何拥有智慧、文明和伟大？所以，读书也要立志高远，一个人只有为中国梦而读书，才能立志高远，大有作为。孙中山、毛泽东、周恩来等伟人就是最典型的例子，是我们读书人的榜样。我们应该把读书作为中华民族的传统美德，传承下去，让更多的中国人热爱读书，让它成为我们日常生活中的一种习惯。诚如温家宝总理说的那样：“我愿意看到人们在坐地铁的时候能够手里拿上一本书。”

第三章

掌控心态 成就梦想

每个人都有梦想的权利

梦想是人生而就有的一种权利，和生存、自由、平等、追求幸福等，都属于人的不可剥夺的自然权利。

梦想绝非是任何意志所赋予的。因此，当我们深刻意识到每个人都有梦想的权利的时候，我们就该振奋起来，自信、勇敢、理直气壮地去追求心中美好的梦想，让生命如夏花一般绚烂！

或许小人物的成功更能让我们深受激励。有一位张女士，是我在一个会场认识的。据她介绍说，她早年在一家服装店里打工。卖货时，有顾客试穿裤子，她就得蹲下来给顾客挽裤脚边，这样的动作每天不知要重复多少次，而当她站起来的时候，就会感到头昏目眩。张女士给老板卖了几年的服装，有些厌倦了，不单是工资少得可怜，每月只挣300元，连零花钱都不够，还因为她觉得干这活儿挺卑微的，一点儿人生的价值都没有，更不要说啥前途了，就想找份自己喜欢干的工作。有一次，她在给一位顾客挽裤脚时，蹲在地上忽然寻思，“难道我要一辈子给人家打工，每天干着挽裤脚的活吗？难道我就不能有追求梦想的权利吗……”她最终意识到，只有先蹲下才能站起来，命运要靠自己掌握！她毅然辞职，经过考察，转行从事某国外品牌保健品的直销工作。经过短短几年的打拼，如今她有了自己的工作室，事业做得风生水起，月收入达到2万多元，真正过上了她梦想的那种生活。不仅如此，原本相貌平平的张女士，愈发地有气质了，穿着得体，言谈大方，举止优雅，由内而外散发着一位成功女性的魅力！

在梦想面前，人人平等。不论你是否出身高贵，不论你是否受到过良好的教育，也不论你是否身体健康，每个人都有梦想的权利，每个人都共同享有人生出彩的机会，除非你自己放弃。人生因梦想而充满希望和激情，梦想会让人生变得更加美好。所以，请别轻易放弃你的梦想，一定要坚信，只有通过不懈努力奋斗，最终才能梦想成真！

积极的人生不荒凉

消极的人生，看到的是蔷薇上的刺；积极的人生，看到的是带刺的蔷薇。

消极的人生，看到的是凄风冷雨；积极的人生，看到的是风雨后的彩虹。

消极的人生，看到的是冬天的寒冷；积极的人生，看到的是春天的美景。

消极的人生，看到的是困难和挫折；积极的人生，看到的是希望和机遇。

有这样一个故事：一家制鞋公司，派了2名推销员到非洲去做市场调查，看看当地的居民有没有这方面的需求。不久，这2名推销员都将报告呈给总公司。其中一个说："不行啊，这里根本就没有市场，因为这里的人根本不穿鞋子。"而另一个则说："太棒啦，这里的市场大得很，因为这里的居民多年没有鞋子穿，只要我们能够刺激他们穿鞋的需求，那么，市场的开发潜力真是不可限量啊！"

同样一个现实，所持心态不同，故事中的两位推销员的见解才有如此大的差别。消极心态的人，人生注定要遭遇失败；积极心态的人，人生终将获得成功！由此我们领悟到："积极的人生处处是风景，消极的人生看到的只能是荒凉。"

就拿蜘蛛结网这件事来说，消极的人目睹一只大蜘蛛在风中结网一次次失败的情形，或许会联想到自己不幸的遭遇，然后叹气，自言自语地说："我的一生不正如这只蜘蛛吗？忙忙碌碌，饱尝艰辛而无所得。"于是，他日渐消沉。

可是，积极的人却不这么看。比如威灵顿将军，在一次大决战中惨败，他逃到一个山庄。在那里，威灵顿发现墙角有一只蜘蛛在结网，新网还没结成就被风接连吹断，但蜘蛛仍旧努力，最终把网结成了。看到这一切，他不禁流下了热泪，为蜘蛛的越挫越勇、永不放弃的精神所感动。深受激励的威灵顿将军从此走出悲痛与失败的阴影，奋勇而起，率领部队在滑铁卢一战中大败拿破仑，取得了决定性的胜利。

如果说心态决定了命运，那么，选择怎样的心态，便会拥有怎样的人生。消极的人生与成功和快乐无缘，不是我们所希望的；只有积极的人生，才是我们唯一正确的选择。积极的人生不荒凉：即使是沙漠，积极心态的人也会用热情、智慧和汗水，让它长出一片绿洲。倘若用这种心态去耕种人生，那么，我们的人生也一定会走出一道繁华亮丽的风景！

总有一缕阳光照进来

一个不足 3 平方米的小屋，是我工作岗位的休息室，它离地面有近 20 米高，远远望去像个哨所。我所在的岗位主要负责给高炉输送焦炭，工作环境很糟，100 多米的皮带廊里粉尘弥漫，就连休息室里也到处是灰，显得很昏暗，员工们戏称它是“小黑屋”。尽管如此，我仍然从这里再一次放飞梦想。

此前的我，文化程度并不高，只是一个普通的技校生，但我抱着知识改变命运的单纯想法，日夜刻苦地自学，最终拿到了本科文凭；另外，我还热爱文学，擅长写作，现在已是省作家协会会员，有百万文字发表在《人民日报》“大地副刊”、《北京文学》等国内多个省份的上百家报刊，有的还发表在美国的《侨报》上。我自学成才的事迹多次被当地电视台等众多媒体宣传，还经常到各大院校为师生们做报告，因此，我成为人们眼中的“文化名人”。

可是，有谁会相信，为了“面包”的我却从事着卑微的工作，抡着大板锹清料，虽然戴着“防毒面具”似的口罩，也无法阻止粉尘侵进鼻腔和肺部，毫不夸张地说，吐口痰都是黑的……

多舛的人生让我学会了从容豁达，随遇而安，读书、写作成了我业余时间的最大慰藉。在一间只能容纳一张铁桌椅的休息室里，我经常打扫卫生，就像在打扫自己的心宅，使其不染尘埃。每次干完活，我都要把手洗干净，然后再拿笔写作，因为在我的心里，笔是神圣的，如用脏兮兮的手去碰它，则是对它的亵渎。我静下心来，开始创作具有革新国民人格的启蒙主义的著作——《中国人的另一面》，沉浸在快乐的创作中。只是恍惚地记得，窗外的季节——春、夏、秋、冬，变换了四次，这部书稿才完成。当我满怀信心地投给多家出版社的时候，不是被拒绝，就是合作失败，那段日子，我感觉人生跌至低谷，心情也像被粉尘包围的“小黑屋”一样，异常灰暗。

一天早上，我像平常一样来到了工作岗位。当我拽开屋门的一刹那，正好看见一缕阳光照射进来，整个屋子豁然明亮起来，顿时，有一种莫名的感动涌上心头，所有的阴霾好像都被这缕阳光驱散了。我没有放弃出版该书的梦想，继续寻找着机会。

皇天不负苦心人，我的书终于如愿以偿地和北京的一家出版社正式签约了！那一刻，我仿佛看见梦想绽放出惊羡的花朵。

无论命运多么坎坷，生活多么艰难，哪怕困在昏暗的“小黑屋”里，我们也要相信，总有一缕阳光会照进来。只要心怀梦想和希冀，终日乾乾，不畏人生的风雨，定能穿越黑暗，看到光明！

抱怨不如改变自己

生活中有这样一种人，一有烦心事儿就爱抱怨、说怪话：“唉，这是什么世道啊！”或是玩世不恭地说：“我的命咋这么苦呢？”

说世道不好的，许是因为看到社会上存在某些不良的社会风气，就把自己的艰难处境归咎于社会环境，自己主观不努力，老强调客观。更有甚者，一边吃大鱼大肉，一边抱怨，甚至骂娘。这些人很像鲁迅先生笔下的“九斤老太”那样唠叨，今不如昔……

说命运不济的，许是因为就业暂搁浅、婚姻不美满、事业不畅达、领导不重用。这部分人常常还喜欢与人攀比，看到身边人成功或提升，心里就不舒服，抱怨命苦，生在没权没钱的家庭。

虽然抱怨的表现形式不一、内容各异，但抱怨的本质都是一样的，就是有一颗不平不满之心。这是片面看问题所致。其实，抱怨一点益处都没有，也解决不了什么问题，只能自增烦恼。

诚然，社会上确实存在着收入分配不均、贫富差距过大、买官卖官、送礼成风等不良现象，这是世界各国共同面临的问题。但是，任何一个社会总有不尽如人意的地方，只有像孙中山、毛泽东这样的伟人，才会立志并且有能力改造社会。我们常人，只能去适应社会环境，并共同为建设和谐、公正的社会环境而努力。

至于命运，不公的情况总是有的。五个手指伸出来就不一样长短。譬如说，人的命运，可能因为家庭的出身不同，会有很大的差别；还有自身素质和能力的差别。生在富贵人家的孩子就比生在贫穷人家的孩子拥有更多有利的条件和资源，前者更易成为“官二代”、“富二代”，而后者若要成功，则要敢于向命运挑战，自立自强，付出艰辛的努力。

一个人与其抱怨社会或命运，不如首先努力改变自己。

改变自己，先要改变看问题的角度，一分为二看问题。客观地说，凡事都有利有弊，一个人看问题不能总盯着阴暗的一面，而对光明的一面视而不见，这样容易以偏概全。不可否认，改革开放以来我们的国家更富了、强了，国际威望高了，人民生活基本上达到了小康。看问题角度变了，全面了，我们眼前的世界也变了，我们的内心会随之充盈和美好起来。

改变自己，也要改变心态，以积极的态度看事、对人。虽说攀比之心人人都有，但是，不能盲目攀比。要科学地对比，即同类、同质的人、事、物进行对比，富人和穷人没有可比性，也不能拿人家的有来比自己的无，否则就会烦恼不断、抱怨滋生。抱怨是一种消极的心态，持这种心态的人，看到别人风光得意，心里就不平衡。其实，别人得到的并不意味自己失去什么，没有必要嫉妒和抱怨。伟人说得好："牢骚太盛防肠断，风物长宜放眼量。"只要把心态放平和些，去拼搏，去努力，你也一定会成功。

改变自己，关键是要改变性格。大凡物不平则鸣，有点儿抱怨也可以理解。在对待不公的问题上，不同性格的人会有不同的处理方式。爱抱怨的人一般性格倔强、内向，看问题偏激，好钻"牛角尖"，不善与人沟通，缺乏应有的交际技巧；性格外向的人则与此相反，能够机智处事，识时务且顺其势，因此，心想得开，往往也就"吃得开"。

就说在职场中，有甲乙二人同在一个公司做业务。他俩都觉得活儿没少干，可待遇太低。于是，甲私底下经常向同事抱怨，说老板太抠门了。这话就传到了老板的耳朵里，老板心里很不高兴，认为甲思想消极，太不敬业，不仅没有给他加薪，还随便找个理由对他进行了处分；而业务员乙就没有抱怨，在某天老板回家时，"恰巧"和老板同进一个电梯。乙向老板说，他喜欢加班接受挑战，其他公司同行收入比他高许多，唯一的遗憾是收入如能再高点儿就好了。结果，事后乙被提拔了，收入翻了近一倍。以人为镜可明得失，两种态度，两种沟通，两种结果。

摒弃抱怨、改变自己，积极地去耕耘人生，开发潜能，定能收获幸福、快乐和大的成功！

开掘生命的矿藏

其实，每个人都是一座矿山，里面蕴藏着金、银、铜、铁、煤等丰富的矿藏，它沉睡在我们的生命里，等待着我们去开掘。

有的人发现了这个秘密，不辞辛劳地深挖，终于把埋在生命里的矿藏，最大限度地开掘出来，他的人生因此分外富有，卓尔不群。

有的人不经意地挖到了这个矿藏，得到了一些财富，便欣喜地满足了，以为生命里只有这么多的矿藏，不肯再下力气深挖下去。其实他不知道，他只挖出来十分之一，另外那十分之九的矿藏则未得到开掘。尽管这样，他也算一个富有的人了，有了自己的一份事业。

有的人根本就不知道自己也是一座矿山，他随世浮沉，安于现状，浑浑噩噩地从少年走到暮年，到头来仍是两手空空。只因为生命里的矿藏从来没有开掘过，就这样白白地闲置和浪费了，他的一生庸碌无为。

人和人的差别大致如此。只有开掘生命矿藏的人，才能成就一番事业，写下人生壮美华章！

因此，找到这个矿藏，显得尤为重要。这矿藏或许是你的天赋，或许是你的潜能，或许是你的兴趣，或许是你的特长，或许是你积累的技艺和学识，亦或是你的人生经验和阅历。总之，这矿藏只有那些不甘平庸，渴望成功，并且有胆识，有魄力，能够真正了解自己的人才能发现。

当你有幸探到生命的矿藏，就应该深入开掘，这离不开信心和毅力。信心是让你坚信，你和别人一样，拥有属于自己的矿藏，别人能成功，你也一定行！毅力是让你有勇气锲而不舍，克服万难，掘矿不止。倘若信心不足，毅力欠缺，就像挖井一样，虽然挖了六七丈深，还没有见水，仍然是一口废井，功亏一篑，掘矿亦是如此。

只有那些不畏劳苦、坚持到底的人，才能开掘出蕴含在生命里的富足矿藏，实现人生的最大价值，让生命大放光彩！

雪路人生

雪不停地下着，我的心情有些焦躁。因为刚接到市里一个公益性组织的电话，聘用我为专门技术人员，让我明天就去上班。倘若这雪一直地下，那客车说不准就得停运。

我寻思着，问妻子该如何是好。妻说：“你没听天气预报吗，这几天有大到暴雪，我看你出门恐怕是要够呛了。”可我还心存侥幸，或许明天客运站正常发车也说不定。

第二天清晨，我推门一看，那雪如梨花般飘落。此时，天色朦胧，妻子已醒，但未起床，她问我还去报到吗？我说：“头一天上班，第一印象很重要，哪能因为下雪就不去呢？”我顾不上吃早饭，就匆匆忙忙地向客运站赶去。

到了客运站，只看见有几个人站在门前张望，却没有客车停在那里。我从客运站的工作人员口中得知，因为雪大，高速路已封道，停运了。于是，我赶紧打电话查询列车的车次，心想客车停运，改乘列车也行。可是，一问才知道，上午这里没有通往市里的列车。怎么办？我有些懵了，急得额头渗出汗来。

就在这时，一辆松花江微型车驶来，在我面前停下，司机打开车门探出头问我去市里走不走，我也没多想，赶路要紧，就上了车。

虽然我知道这种车是非营运性质的私家车，存在着一定的风险，尤其是赶上下雪的天气，路面很滑，更不宜乘坐，但是，为了能抵达目的地，我别无选择。

车上载满了乘客，他们也是着急去市里上班或是办事，才坐这种车。大家都在抱怨鬼天气，又议论前几天北京下的那场暴雪，都说小兴安岭的降雪是入冬以来最大的。有一位乘客问司机：“咱们去市里不走高速公路吗？”“高速公路封道了走不了，咱们走美溪的‘十八拐’。”司机说。我们听他这么一说，心里顿时紧张起来，七上八下的，因为“十八拐”是出了名的险路，在没有修高速公路以前，去市里的车辆都走这条山路，肇事率极高，车毁人亡时有发生。大家一再叮嘱司机慢点儿开，安全比什么都重要。

一路上，我们心情都很沉重。在路边，有一辆货车抛锚了，我们还看到一辆黑色的轿车栽进沟里，还有几辆车爬坡时打滑，就停在了道旁。从车内的玻璃向外望去，就看见百丈深的山谷，还有远山上的雾凇，大家一时竟忘记了危险，不由被这迷人的景致吸引住了……

我们乘坐的这辆微型车在逶迤的山路上缓慢地行驶着。大约一个半小时，车终于驶出了“十八拐”，我们也看到了不远处的建筑，大家悬着的心才有了着落。车停了，雪仍在下，我也将踏上人生新的旅程。

在追逐梦想的旅途中，没有一帆风顺的：也许就会遇到大雪封路的情况，阻塞了我们的前行，这时候，我们要相信，通往梦想的路不止一条；或许有这样一条险路，虽然坎坎坷坷，崎岖难行，但是，只要我们不辞劳苦、不畏风险，就一定能抵达梦想的地方！

当人生遭遇“滑铁卢”

如果人生是一场战争，那么，我们每个人都梦想成为最终的胜利者。

为了赢得这场战争，或许我们备战了好久，也信心满怀，以为胜利在握。

可是，命运并非如我们预想的那样遂心如愿。在这没有硝烟的残酷的战役中，我们会遭遇“滑铁卢”，面对人生的失败，我们应该怎样看待呢？

兵法有云：“胜败乃兵家常事。”所以，我们不要为一时的失败而沮丧、懊恼。胜利了固然可喜，但也不能骄傲，就像西楚霸王项羽，只因被一时的胜利冲昏了头脑，最后兵败垓下。人生虽然悲壮，却不是我们想要的结果；失败了也并非多么可怕，刘备不是也饱尝一次次失败的滋味，到最后反败为胜了吗？

所以，有时候，失败是打开成功之门的一把钥匙。

倘若我们信念坚定，修炼一颗胜不骄、败不馁的平常心，并且能够从失败的教训中汲取智慧和力量，跌倒了再爬起来，向着目标一路走下去，那么，终有一天，我们会行过山重水复，迎来柳暗花明！

卑微，但不自卑

一个人无法选择出身，因为任何人的生命都是父母赐予的；一个人也别太奢求财富和地位，这些东西并不是谁想得到就能拥有的。在这个世界上，卑微的很多，不止你一个，因此，你没有理由自卑。

卑微是客观的，自卑却是主观的。人可以卑微，但不能自卑。是什么消磨了我们的进取心？是什么阻碍了我们前进的脚步？是什么让我们有一种挫折感？是什么使我们忧郁、羞怯、懈怠和退却？是自卑，是它让我们产生消极的人生态度。我们只有摒弃自卑，战胜自己，才能扬起自信的旗帜，通过不懈地奋斗，最终掌握自己的命运，直至成功。

伟人毛泽东曾经说过这样一句话："卑贱者最聪明"，知不足而发愤也。昔有朱买臣靠卖柴为生，卑贱得连妻子都羞辱他，还离他而去。尽管如此，他依旧每天背着柴发愤读书，乐而忘忧，对生活充满了信心。后来，满腹经纶的朱买臣一鸣惊人，当上了会稽太守。

出身的贵贱不能决定一个人的命运，也就是说，生而卑微的人并不注定此生庸碌无为，而生在富贵之家的人就一定能够飞黄腾达。"王侯将相宁有种乎！"历史无不昭示：富人很少能成为伟人，伟人一般都曾经是穷人。

他出生在美国肯塔基州一个清贫的农民家庭，父亲目不识丁，除了开荒种地以外，还得靠修鞋谋生，生母也过早地病逝了。因为家里穷，他小时候没机会上学，接受良好的教育，每天跟着父亲在西部荒原上开垦，干些力所能及的活儿。他不因卑微而自卑，而是努力用知识使自己强大起来，无论是放牛、砍柴，还是挖地，他的怀里总是揣着一本书，只要有时间就拿出来看一会儿，晚上也会在小油灯下读书到深夜……他就是通过自学才成为一个博学而富有智慧的人。他曾多次参加竞选，结果总是失败，但他仍然自信，屡败屡战，永不放弃，最后打败了大富翁道格拉斯，当选了美国第16任总统，他就是修鞋匠的儿子——亚伯拉罕·林肯。

人可以卑微，但不能自卑。因为卑微，我们才能在布衣粗食中忍受身心的磨砺，发奋进取，增益其所不能；倘若自卑，就再也没有翻身的机会了。卑微的人如果能自尊、自爱、自信、自强，就能从“丑小鸭”变成“白天鹅”，这不是童话！

拥抱新升的太阳

梦想就像太阳一样，即便这一颗陨落了，心底依然会升起另一轮新的太阳。

曾经年少的我有着很多的梦想，而最大的梦想就是成为一名国家公务员。然而，报考公务员的最低学历是大专，而我只是一名技工校毕业的普通工人。为了跨进报考的这个门槛，我历时7年的自学，克服边工作、边学习的困难，在没有老师指导和传授下，我发扬雷锋同志挤时苦钻的“钉子”精神，终于获得了高自考行政管理专业大专文凭，争取了报考国家公务员的资格。

然而，当我加入这被称为“中国第一考”的报考国家公务员的千军万马的行列中，在上万人考试激烈的竞争中，我的梦想一次次地被击得粉碎。那真是一场没有硝烟的战场啊，我的身心经历了多么大的煎熬。在报考的7年的时间里，“人休吾不敢休，人卧吾不敢卧”，我利用别人休息的时间埋头苦读，即便是这样，我还是与公务员擦肩而过。回想在各大城市报考的奔波中，旅途上留下了我匆匆的身影，像一只受了伤的大雁，孤独而无助地在空中流浪……

面对残酷的现实，我不得不放弃报考公务员，去追赶心中那瑰丽的文学梦想，走上了艰难曲折的文学创作的道路。十年的勤奋创作，我赢得了缪斯女神的青睐，最终成为一名作家。

其实，人生有许多事情是不能强求的，有时要适可而止，与其执着，不如放弃；即便这颗梦想的太阳陨落了，只要我们去勇敢地去追赶，依然会拥抱另一轮新升的太阳！

为了梦想奋力向前

人生如逆水行舟，不进则退，我们应当奋力——向前！

倘若我们因自满、懈怠而不思进取，或是遇逆境而畏惧不前，那么，人生的航船又怎能抵达成功的彼岸？

因此，我们要学会告别过去，即便已往有过鲜花和掌声，也不要因为得意而留恋自喜，更不要为一时的失意而悲观哀叹，而应鼓起勇气，振作起来，逆流直上，向着梦想的地方破浪前行！

人生如攀登高峰，困难重重，我们应当奋力——向前！

只是因为梦想在那山巅，那里有奇绝瑰丽的风景，我们便背负希冀，踏上征程。向上的路崎岖险恶，荆棘丛生，我们又怎能苛求命运的垂青？

因此，我们只能依靠自己的力量，拿出登山者的气魄和勇气，去挑战自己，挑战高峰！

时光留不住，人生太匆匆。或许我们倾注了所有的努力，到最后也未能攀到山顶，但若不想留下人生的遗憾，我们应当为了梦想奋力向前！

唤得东风好扬帆

冬天的寒冷早已将大地冰封，让草木凋蔽，但是，也要相信，一旦春风拂过，万物就会从沉睡中渐渐地苏醒，萌生出欣欣向荣的希冀！

也曾有过这样的时候：年少稚嫩的我带着最初的激情和梦想，行走在职场中，完全不懂得处世之道，加之我的思想不太融于大众，个性有些张扬，很容易受到别人的非议和嫉恨，而屡屡碰壁……

记得有一次，单位年终的时候组织一场文艺演出，领导了解我擅长演讲和写作，就让我出个节目，或许是李白的《行路难》很契合当时我人生的处境吧，我也没多加思索，就在台上大声地朗诵：“……欲渡黄河冰塞川，将登太行雪满山。闲来垂钓碧溪上，忽复乘舟梦日边。行路难，行路难，多歧路，今安在？长风破浪会有时，直挂云帆济沧海。”事隔多年，当我回想起此事，仍对自己不合时宜的行为而暗自后悔，我不该在那种场合下朗诵《行路难》。

其实，若能时光倒流，回到那次演出现场，我会朗诵宋代诗人王令的《送春》：“三月残花落更开，小檐日日燕飞来。子规夜半犹啼血，不信东风唤不回。”借诵这首诗，同样可以表达我的人生态度和追求。

可是，人生没有回程票，只能不断地在学习和积累经验的过程中日渐成熟，向着最初的目标前进。当我一不小心跌进低谷，我的人生仿佛遭遇了寒流，在漫长的冬季里开始艰难地跋涉。即便冰雪阻塞了道路，也挡不住我的信念，心中愈加渴望并呼唤东风的到来。

因为我知道，一个人只有借助东风，才能扬起自信的云帆，让生命之舟乘长风破万里浪，直渡苍茫的大海，驶向成功的彼岸！

梦想贵在尝试

人生的可贵之处在于尝试，哪怕失败了也不应气馁，或许继续努力，坚持下去，再试一次，就能叩开成功之门。

人生的每一次成功，最初都始于尝试，没有尝试，便没有成功。伟大的发明家爱迪生在发明灯泡时，为了找到合适的灯丝，他尝试了1200多次，最终梦想成真。

尝试意味着机会，从这个角度说，机会对每个人都是平等的。只不过，愚笨的人不懂得尝试的价值和意义，不去亲身尝试，结果让机会从眼前溜走了；机会总是为聪明之人准备的，聪明的人正是因为勇于尝试，才抓住了机会，因而也就多了一次成功的机会。

尝试也需要胆量，没有胆量就无法去面对尝试过程中可能遭遇的风险和挫折。懦弱的人怯于尝试，而与成功无缘；只有勇敢的人才不畏尝试，最后采撷到成功的花朵。

卓越之人的一大特征就是："即使失败了也不言放弃，仍要再试一次。"

美国成功学的奠基人、最伟大的成功励志导师奥里森·马登博士，用自己的遭遇，告诉世人——尝试的可贵之处。

马登出生在美国新罕布什尔州一个穷苦人家，7岁时他就成了孤儿。一次偶然的机会，他看到同为孤儿的苏格兰作家塞缪尔·斯迈尔斯所写的《自己拯救自己》一书，内心深受激励，立志将来也要写一本这样振奋人心的著作。可是，不幸总是突如其来，在马登40多岁的时候，倾注他大量心血的数千页手稿在一次大火中化为灰烬。尽管如此，马登没有放弃自己的梦想，他曾这样表达："真正的强者是第一次不成功，那么，再试一次。"他重新开始着手创作，终于写出了畅销全球的励志书《奋力向前》。

成就梦想的必备条件很多，而尝试是其中之一。人生最大的遗憾是梦想成功却没有付诸实施，败就败在不肯去尝试，足见尝试之于人生的可贵。亲爱的朋友，韶华易逝，人生短暂，梦想就在前方，为了不给人生留下遗憾，你还犹豫什么呢？快快行动起来吧，人生贵在尝试！

挫折是通往成功的驿站

谁都渴望自己的人生一帆风顺，梦想成真。然而，命运弄人，世事难料，挫折总是不期而遇，与其沮丧、忧郁、痛楚、叹息，不如调整心态，积极面对，将挫折当作通往成功的驿站。

李白有诗云："人生天地间，忽如远行客。"其实，我们都是寄生在这天地间的远行客，而人生的漫漫旅途并不总是平坦、通畅，难免有风雨、有坎坷、有艰辛，既然挫折已经让我们疲惫不堪，我们又何苦再悲观失意呢？不如暂时停下跋涉的脚步，权当挫折是通往成功的驿站，我们借此可以缓解旅途的劳累，将烦恼抛到一边儿，让身心得到休憩，然后重整旗鼓，积蓄力量，再踏上征程。

人生的旅途总是布满荆棘，作为远行客的我们，若要抵达成功的彼岸，一路上须经过许多个驿站，而驿站的名字叫——挫折。

愚者、弱者从来不把挫折看作驿站，他们最讨厌挫折了，并且还有些畏惧，总想事事遂心，走捷径，而不能正视和接受客观现实，一遇挫折就回头，抱怨命运不公，像只斗败的公鸡似的垂头丧气，郁郁寡欢，一蹶不振。可是，智者、强者却能笑对挫折，懂得成功不是一蹴而就的，人生的路需要一步步稳稳地走，虽遭遇挫折，也能积极思维，变不利为有利，让挫折成为安顿自己的驿站，并能屡仆屡起，越挫越勇，直至成功！

正是因为有了这个"驿站"，我们才有机会思索挫折的原因，吸取失败的教训，避免错误的发生；正是因为有了这个"驿站"，我们才会思索人生的路，究竟哪条路是"死路"，为何走不通？哪条路是"活路"，虽有阻碍，但只要努力，总是能够绕过或跨越的；正是因为有了这个"驿站"，我们才懂得，挫折虽是一种痛，但因为痛，所以叫青春。

请接纳挫折吧，因为它是通往成功的驿站。

面对人生，从容旷达

人生如梦这句话，我想，从一个年轻人的口中说出来，总不如年长者说得饱含智慧和哲理，透彻和深刻。

大凡年长者，往往阅历深厚，饱经风霜，尝遍了人生的苦辣酸甜。他们活着的时候，或许为名争，为利争，只有到了晚年，看透世事以后，蓦然回首，才发现，人生是多么的短暂，仿佛转眼间，黑发人变成了白发人，以往经历的一切，无论是穷困富贵，还是是非成败，都会随着时光的流逝，成为过眼云烟，就好像是做了一场空梦罢了。于是，才会由衷地发出“人生如梦”的叹喟。

年轻人则不同，他们常想将来，对人生充满了美好的憧憬，抱着很大的希望，求名求利的心很重，根本无暇思考人之将老时的情形，总以为人生漫漫，未来还有许多路，而不知韶华易逝，又因涉世未深，不曾真切地体会到人情冷暖、世态炎凉，以及荣华富贵如镜花水月一般，到头来都是留不住的，故而对人生的真相产生迷惑，又怎么能够理解“人生如梦”这句话的深刻涵义呢？

其实，对于人生的体验和感悟，与年龄是没有必然联系的，也就是说，年长者未必一定比年轻人有见识，而年轻人也未必不如年长者，因为，了解宇宙人生的真相是不分年龄的。

遥想当年，宋代的大文豪苏轼，虽到中年，竟也鬓发斑白。有一回，他凭吊三国时期周瑜击败曹操大军的古战场赤壁，由眼前奔腾浩荡的滚滚东逝的长江水，想起了那段波澜壮阔的历史风云和千古而来的风流人物，于是，他拿起大笔，酣畅淋漓地写下了“大江东去，浪淘尽，千古风流人物……”这篇流传千古的名作《念奴娇·赤壁怀古》。在追忆往昔历史和功业非凡的英俊豪杰的同时，多愁善感的苏轼也联想到自己的遭遇，不由对人生发出“人生如梦”的感叹。

难道不是吗？时光像江水一样不舍昼夜地流逝，人生如露亦如电般地短暂，我们所遭遇的，无论是贫与富、苦与乐、是与非、得与失、成与败，都如同梦幻泡影一般，只有我们觉悟了才能够明了，这一切都不可得，人生只不过是做了一场虚梦罢了。

那么，人生就应该如此消极悲观吗？当然不是，否则的话，我们在一起探讨人生就没有实际意义。我们行走在红尘中，难免会被各种欲望羁绊，而欲望又是永无满足的，所以才会生出种种烦恼，倘若我们明白了人生如梦的这一真相，然后以出世的精神做入世的事情，我们就会从容旷达地面对人生，真正做到“宠辱不惊，闲看庭前花开花落；去留无意，漫随天外云卷云舒”，我们的人生就会快乐无忧。

人生的“鱼脊路”

家附近有一条路，中间高，两边低，像鱼脊背似的，很不好走，人们就给它起了个名字叫“鱼脊路”。

说起这条路，我太熟悉它了。从小到大，我每天都要经过它。这条路高低不平，异常难行。无论老人，还是孩子，提起它，没有不发怵的。夏天还好说，到了冬天，尤其是下大雪的时候，路特别滑，老人走在路上颤颤巍巍，孩子走在路上，直摔跟头。就是这条路，不知有多少人跌倒过，我也不例外。

记得我上小学的时候，天空下起了大雪，纷纷扬扬的，漫天飞舞，还刮着北风，地面上积雪很厚。我背着书包上学去，深一脚浅一脚，一不小心，就摔了个大跟头，我爬起来，扑打身上的雪，继续赶路，可是没走多远，又摔倒了，我揉了揉疼痛的部位，还得坚持走。

我参加工作以后，每天上班，都要经过这条路。赶上没有月亮的夜晚，漆黑一片，什么也看不着。我上夜班的时候，从来都不拿手电筒，骑着自行车，全凭着感觉走。有的时候难免摔倒，或是和别人撞车。虽然这条路难走，但是我走了这么多年，已经习惯了。无论黑天白昼，刮风下雨，我都习以为常，不觉得难走了。

由鱼脊路我联想到了人生的路。其实，人生的路就像这鱼脊路似的，坎坷不平，泥泞难走，有时还会跌几个跟头，甚至被碰得头破血流，但是，跌倒了再爬起来，走习惯了，就像走鱼脊路似的，也就不觉得难走了。

再后，无论直的路，曲的路，平坦的，坎坷的，皆能走得平稳，泰然若之。

文学麦田的守望者

我是一位文学麦田的守望者，紧握着文学的犁铧，像农民一样，虔诚地在太阳底下默默辛苦地劳作，任凭风吹日晒，汗湿衣背，也不放弃最初的梦想。

我是一位文学麦田的守望者，和许多年轻人一样，我也做着文学的梦，梦想得到缪斯女神的青睐，为我插上一双文学的翅膀，飞向那神圣的文学殿堂。

我是一位文学麦田的守望者，我走过播种的春天，走过耕耘的夏天，我在秋天里守望着，守望我整日劳作的那片麦田，能够长出金灿灿的庄稼。

然而，不是所有的付出都有回报，不是所有的耕耘都有收获，不是所有的守望都能梦想成真。我也曾多少次跌倒在文学的道路上，我也曾在寻梦的过程中折断过翅膀，我也曾有过失意、苦闷和彷徨，不单是为了一次次的退稿，还有来自世俗对我的误解、偏见、冷漠和嘲弄。

其实，我只是一名普普通通的工人，虽然具备本科学历，但仍在一家钢铁企业里做着卑微的工作。只因为我热爱文学，业余从事文学创作，周围的人对我投来异样的目光，视我为另类，他们还说："现在这社会都讲究"务实"，琢磨怎么赚钱，你一个工人还想搞文学，那不是痴心妄想吗?"再不就是大脑进水了，精神不正常……

世俗的言论深深地刺痛了我的心，为此我苦恼极了。我问我自己："你为什么要选择文学？这条路布满了荆棘，异常难走，你准备好了吗？是坚持还是放弃?"我常常一个人思考着这些问题。

那么，我为什么要选择文学呢？那是因为文学的大门永远是敞开的，凡是有志于从事这项事业的人都可以走进这扇门；文学又是平等的，无论你身份高低、贫穷富贵，它都一视同仁；更主要的是，文学让我加深了对人生和世界的认识和理解，在探寻生命真谛的过程中找到了自己，同时，文学还在现实生活中为我提供了一个施展才华的舞台，让我在文学创作中实现了自己的人生价值。十多年过去了，文学已经成为我生命的一部分，因此我选择文学，并且决不放弃。

我的勤奋终于赢得缪斯女神的青睐，为之守望的文学麦田也喜获丰收，作品早已打出黑龙江，发在全国多个省份的上百家报刊，赢得社会的认可；伊春市电视台还为我摄制了一期题为《文学麦田的守望者》的电视专题片。我知道成绩只能代表过去，今后我会依然劳作在我热爱的文学麦田里，争取收获更多的果实以飨读者。

梦想在于行动

有位语文老师，是个文学爱好者，擅长写诗歌和散文，也曾在报刊上发表过数篇稿件。

当他看到身边的一个文友出书了，成为作家，他很羡慕，心动了，梦想有一天，自己也能公开出版一部著作，最好还能把它拍成电视剧，那样就能赚很多的钱。文友和他相聚时，常听他念叨：“打算写一部描写小兴安岭林区抗联历史的一个剧本，有点儿类似《林海雪原》，如果把它写出来，一定能有市场……”，他说这番话的时候，眼睛里流露出异样的光彩，好像还沉浸在他的梦想中。如今，十多年过去了，他退休了，两鬓早已霜白，可是，这位语文老师仍然没能动笔写出他梦想的那个剧本。

这是一个真实的故事，虽然简单，却蕴含了一个深刻的道理——梦想在于行动。再伟大的梦想，如果不去行动，只能是空想。

人活着不能没有梦想。

梦想是一只凤凰，它系着希冀，象征着幸福和吉祥。

梦想是一艘航船，它载着未来，把我们带到更远的地方。

梦想是一粒种子，它埋在心底，只有辛勤地浇灌才能发芽，开出成功的花朵。

可是，一个人光有梦想还不够，关键在于行动。

林语堂这样说：“梦想无论清晰或模糊，总潜伏在我们心底，直到这些梦想成为事实为止。而要把这些梦想变成事实，行动才是唯一的手段和保证。”梦想好比是我们心中欲建的高楼大厦的图纸，即便设计得恢宏、壮观，倘若不打好基础，不用砖一层层地垒起，也是枉然，终建不成理想的大厦。人生的梦想也要靠行动去实现；否则，再美好的梦想，仍是空中楼阁。只有那些脚踏实地、不畏困苦和失败的践行者，才能成就一番事业，让梦想变成现实。

朋友，你是否想过，当青丝变成白发，蓦然回首，是否也会想起那些曾经埋藏在心底的美好梦想呢？是否也曾为此激动不已呢？是否还因为没有付诸行动让梦想落空，庸碌一生而懊悔和叹息呢？“莫等闲，白了少年头，空悲切。”与其留下遗憾，不如趁韶华未逝之时，赶紧行动起来，去追求你的梦想，让人生的足迹在奋斗中闪光！

彰显个性，卓越人生

大千世界，芸芸众生：平庸的人随波逐流，人云亦云，毫无个性可言；只有那些真正有思想、有才华的人，才能彰显个性，鹤立鸡群，成就卓越的人生。

所谓个性，其实并不是神秘的东西，而是一个人内在思想、性格、气质的外在的、独特的显示，成为一个人区别于众人的标识。这种品质体现在领导者的身上就叫作魅力，表现在艺术家的作品里就叫作风格。

没有个性的人，就好比是一块光滑的鹅卵石，没有棱角，即使这类人有点儿才华，也只能称为庸才，而不是人才，更不易被人发现；而有个性的人才，则像一把锋利的锥子，倘若将它放在布袋里，早就露出锥尖来，哪能不被人发现呢？

然而，世俗的人常常误解“人性”，以为它是个贬义词。在现实生活中，人们也不太愿意接受这种有个性的人，还视其为“另类”，加以排斥。其实，“个性”是个中性词，本身并无好坏之分。只不过，有的人把他独有的一面显示给别人罢了，因而与众不同，也可以说，与别人不是“一类”。

尼采告诉世人：“你要成为你自己！”这一哲言启示我们，做人要做“这一个”，而不是“这一类”。与某类人相似，根本体现不出自己的个性。

个性的价值就体现在它的独特性上。一件商品之所以成为品牌，除了过硬的质量，还因为它有自己的独特之处，人们才能在众多同类的商品中轻易地将它识别出来。

一件商品只因彰显了个性，才能成为品牌；一个人也只有彰显个性，才能成就卓越的人生！

日本有位漫画家，最初的作品富有个性而被一家漫画杂志社的主编发现，他的作品才得以顺利地发表。可是，是日本漫画界人才辈出，像他一样有才气、肯努力的作者很多。为了多发表作品，不至于饿肚子，这个年轻人不停地改变自己的创作风格，什么作品流行、能赚钱，他就画什么，虽然奋斗了很多年，但离成功还有很大的差距，为此，他苦恼极了。就在这时，曾经帮助过他的那位主编对他说：“你以前的作品充满了侠骨柔情，现在我从你的漫画里，已经看不到当年的你了，我知道现实生活很残酷，但希望你别丢失了自己。”主编的这番话深深地启发了他，使他认识到：“只有画出独特的风格，才能在竞争激烈的漫画领域胜出。”后来，他坚定自己的创作风格，凭借《火影忍者》迅速走红，成为亚洲顶级漫画家之一，他就是——岸本齐史。

彰显个性，卓越人生。相信岸本齐史的成功经验，能够带给我们更多的启迪。

面对真实的自己

或许每个人的内心深处都有这样一种倾向，总是希望把自己美好的一面呈现给大家，而不愿让人们知道或了解自己短处的一面，这是人之常情。

假使朋友在向他人介绍你的时候，一味地说你身上的优点和长处，我们要感谢人家，因为能看得出朋友是喜欢你才这么说。虽然此时你心里美滋滋的，也许赢得了别人的好感，但是，也要清醒地认识到，听惯了赞美声未必就是一件好事，很容易让自己飘飘然，滋长骄傲自满的情绪；而给人留下的好感只是一时的，假使你不够完美，又故意隐瞒了诸多负面的情况，终有一天人们会看清你到底是怎样的一个人。

倘若有人无心地讲述了你曾经灰色的往事，让人们知道了你的另一面，你听了之后一定会气恼，其实大可不必如此。想想看，人非圣贤，孰能无过呢？难道你真像白玉一般无瑕吗？自己做过的事情就应当勇敢地承认和面对，逃避则是懦弱的表现。对于指出自己弱点和不足的人，我们也要从内心里感谢人家，哪怕他的话与事实有出入，有则改之，无则加勉，人家对你负责任才会善意地批评你，这也是关爱你的一种方式和体现，我们要对此表示理解并能虚心地接受，若能做到闻过则喜就更难得了。

认清自己要善于借用他人的眼睛，这就好比有了一面多棱镜，可以从多个角度观察并看清自己究竟是怎样的一个人。你就会发现自己既有优点，也有缺点；既有美的一面，也有丑的一面；既有可爱的一面，也有可憎的一面，这才是真实的自己。

现实中，有些人不敢面对真实的自己，一旦别人指出自己的弱点，就很害怕，接受不了，心里非常难过。他们或许还掩耳盗铃般地将自己的弱点千方百计地瞒骗起来，只想让大家看到他们好的一面，虽用心良苦，但不可取。要知道，这些都是内心虚弱的表现。

面对真实的自己，需要让内心强大起来。一个人只有内心真正强大了，才能包容不同的声音。

面对真实的自己，才能有勇气坦然地面对人生，无畏风雨，一路前行！

只问耕耘，莫问收获

就这样默默地埋头写作，辛勤地耕耘着自己的“一亩三分地”，至于收获则不是我们所能企求的。

不论是一国的总统、大公司的老总，也不论是个体从业者，亦或是一个普通的农民，都有自己的“一亩三分地”，虽然种的“庄稼”各不相同，但是，每个人都渴望丰收。

有的时候，我们太看重结果，还没付出就妄想得到，总是好高骛远，而往往忽视了脚下的泥土，懈怠了每天的耕耘。心的力量分散了，我们三心二意地经营着自己的事业，到头来，收获寥寥，只有叹息。

同样都是“种地”，为什么有的人丰收，有的人总是歉收呢？

这里面有客观的原因。比如说，有的地在高岗上，土壤肥沃，遇到雨水大的天气也不会发生涝灾；有的地在低洼处，土质贫瘠，庄稼因先天不足而生长缓慢，收成当然不尽如人意了。此外，种地靠天，也非人力所能左右的。

可是，主观因素起着决定的作用，丰收还是歉收往往取决于你是否用心地耕耘。种地分人：再好的土地如果遇到懒惰的人，也不会有大的收获；再差的土地如果遇到勤劳的人，那么总有一年会丰收。

虽然每个人的事业有大有小，但是，相对来说，都是一亩三分地。土地是不会欺人的，它只青睐那些肯付出汗水的人。

你看台上演戏的人，他们把角色演得惟妙惟肖，殊不知，“台上一分钟，台下十年功”，他们成功的背后不知要付出多少汗水啊！

再看那些有成就的大作家，也并非一蹴成名的。要知道，“板凳须坐十年冷”，“字字看来皆是血”，此中滋味又有谁能真正理解和体会呢？

冰心说：“成功的花儿，人们只惊羡它现时的明艳，然而当初她的芽儿，浸透了奋斗的泪泉，洒遍了牺牲的血雨。”

于是，我们懂得了成功与付出之间的内在关系，几分耕耘才能换得一分收获，这世上没有谁能随随便便成功。人生应抱着这样的态度，只问耕耘，莫问收获，因为收获蕴藏在默默耕耘的过程中。

带着希望上路

人生是一次漫长而艰辛的旅途，前方有美景，也会有荆棘，诡谲难料。尽管如此，请别忘记带着希望上路。

行走在人生的路上，希望是我们行囊中最宝贵的东西。因为有了希望，所以我们才对未来充满憧憬，对美好的生活充满向往；因为有了希望，所以我们才会觉得生活有奔头，哪怕眼前有诸多困难，我们也能克服；因为有了希望，我们的心底才会燃起自信的力量，为了心中梦想去追求、去拼搏，屡仆屡起！

英雄凭借“希望”凯旋。亚历山大大帝远征波斯之前，将所有的财产分给了臣下。有位大臣非常惊奇，问道：“那么陛下，你带什么起程呢？”大帝告诉他：“希望，我只带这一种财宝。”亚历山大带着唯一的希望出发了，却带回来所要征服的全部。

伟人凭借“希望”成就大业。1910 年，18 岁的毛泽东带着希望上路了。临行前，他写下一首诗：“孩儿立志出乡关，学不成名誓不还。埋骨何须桑梓地，人生无处不青山。”他将这首诗夹在父亲每天必看的账簿里，从此离开了家乡韶山，走向外面更广阔的世界，最终实现他改造社会的梦想。

或许我们永远也成不了伟人，但是，我们可以做一个有梦想的人，因为每个人都有追求美好梦想的权利。没有梦想的人是可怜的，就像一只流浪的燕子一样，找不到自己的归宿。这样的人胸无大志，整日浑浑噩噩地混日子，让时光白白地溜掉，他们随波逐流，在遗憾中虚过短暂的一生。有梦想的人是值得称赞和尊重的，他们的人生至少还有激情，哪怕这希望最后落空，但是他们为此追求过，努力过，奋斗过，便会拥有无悔的人生。

梦想与希望同在。在追逐梦想的道路上有希望相伴，我们不再迷茫而彷徨，相信凭借希望的力量，可以让我们早日见到梦想开花的那一天！

第四章

汲取智慧 成就梦想

兰花香

在我心中，有一株兰花长在蒿草之下，虽不被人发现，仍将生命怒放，让她的馨香飘溢四方，也不改其志。

兰花乃香花之王。她的香清新纯正、沁人心脾、氤氲幽长。有见识的人若是闻过兰花香，便会识得此花非凡品，乃花中之君子也！

其实，世上有种人像兰花。他们身处茅茨之屋，却是贤良之才，即便不被世人理解和所识，也不怨天尤人，仍像兰花那样，执着地坚守自己的信念，传播他们的思想和智慧的芬芳，这种香亦如兰花香，会随风飘送得很远，让人慢慢地体味和思索。

突然想到了伟大的教育家、思想家、儒家学派的创始人孔子。

他生活在一个礼崩乐坏、时局动荡的年代。身为布衣的孔子，敏而好学，却有匡扶社稷之志，欲扶大厦之将倾，挽狂澜于既倒，为实现他的治政主张四处奔走，颠沛流离，常遇生死困顿之境地，知其不可为而为之。

那一年，孔子已是68岁的老人了，他周游列国而不仕，与弟子们从卫返鲁的途中，路遇一座高山。此时，孔子的车子正在山路上前行。忽然，他闻到一股扑鼻的花香，立即吩咐弟子快停车，还让他们循着花香去看看，果然找到几丛剑叶长茎的牙状山花，可众人都不识此花，孔子就告诉弟子，这就是天下第一香的兰花啊！还喟然叹曰：“兰当为王者香，今乃独茂，与众草为伍。”他默默地看着兰花，若有所思，似乎联想到自己的人生际遇，一时心动，抚琴弹奏了一曲《猗兰操》：

习习谷风，以阴以雨。

之子于归，远送于野。

何彼苍天，不得其所。

逍遥九州，无所定处。

世人暗蔽，不知贤者。

年纪逝迈，一身将老。

袅袅的琴声在山谷中响起，犹如兰花香一般，弥漫在众弟子的心中。

孔子借琴抒怀，其实也是在明志，要像兰花一样坚持操守。

由此我感悟到：一个有操守的人，他的心底一定盛开着一朵兰花，于是才会拥有兰花一样的品质，兰花一样的芳香，即使在逆境里也能飘送人格的芬芳！

站立成松

就这样站立着，以松的姿态，挺拔伟岸地耸立在山巅，任凭风刀霜剑也岿然不动。

以松的姿态站立着，不择地而生。无论是平地，抑或是峭壁，顺境不忘本，逆境不丧志，从容旷达，坦然面对，真乃树中之大丈夫也！

松是有心的。它的心藏在躯体里，才使它奋发向上，直立蓬勃。倘若心死了，那么它就丧失了斗志，生命的迹象也就停止了。山上也有这样的松树，或许是在成长的过程中，遇到了挫折或打击，就放弃了生的希望和梦想，慢慢地枯朽了。如果其心不死，势必会顽强地抗争命运，创造生命的奇迹！

松是有志的。其志高远，不与众树同。一般的树木，只是为了活着而活着。红松则不然，因为它懂得，即便成不了栋梁，也要长成一道奇绝瑰丽的风景！

松是有情的。倘若无情，又怎么会心甘情愿地给予呢？当人们需要它建造房屋、架设桥梁、制作器具时，它会毫不犹豫地奉献自己的全部，即便是把它燃成灰烬，也要放出最后的一分热而无怨无悔！

松是有魂的。身陷逆境而坚贞不屈的自强精神、雪压青松而不改其色的高洁精神、立志成材而毫不利己的奉献精神，才使红松成为一棵纯粹的树、高尚的树、有道德的树、脱离了低级趣味的树、有益于人类的树，这难道不象征着世上的一种人吗？

人生一世，做人要像松树那样力争上游、堂堂正正、不卑不亢、大气从容，方显松之本色。我愿化作这样一棵松，有它的心、它的志、它的情和它的灵魂……

睡　莲

古莲子安静地躺在地下沉睡了很久，仿佛做了一个长长的梦，要不是科学家在一次偶然的机会中发现并且把她带回实验室，想方设法地把她唤醒，或许她还将继续地沉浸在梦中，永远也不会醒来。

睡梦中，古莲子隐约地听到科学家们的谈话，好像是在推测她的年龄。有的说她至少有五六百岁了，有的说她至少有一千岁了，谁都不能准确地给她下结论。于是，科学家们先后采用植物生理学、放射性碳、碳十四和胞粉素等对古莲子进行了测定，结果证实，她已有一千年的高龄了。“真是千年一梦啊！”当古莲子知道了自己的真实年龄以后，不由发出这样的感叹。

古莲子还记得，她的故乡是在一个叫“莲花泡”的地方，那里群山环绕，百草丰茂。一千多年前，“莲花泡”生长着数不清的莲花。每当夏季，正是莲花盛开的季节，一望无际的湖面上长满了莲花，碧叶连天，花海如潮，好似仙境一般。

斗转星移，岁月如梭。因河流改道，破坏了天然蓄水的湖塘，使优美如画的莲花泡逐渐干涸，莲子也脱落在地上，被年复一年的尘土和大量的有机质掩埋，就这样，古莲子沉睡在地下，久久不能醒来。

古莲子可谓是种子当中寿命最长的。因为在一般情况下，生命力能保持十五年至一百年的就称为“长命种子”，而古莲子已有一千年的高龄了，她还能够生根发芽，绽放生命的美丽吗？

为了唤醒这株睡莲，科学家们做了一个试验：他们把未经任何处理的古莲子放在常温下的水池里，3 年的时间过去了，古莲子一点儿苏醒的迹象都没有，这是什么原因呢？原来，古莲子的果皮太坚硬韧了，而且密不透水，在常态下怎么能够发芽呢？

可是，当科学家将古莲子的一端用砂轮打磨一下，或是用小榔头敲击她，在不损伤胚根和胚芽的前提下，把她浸在水里，在适宜的温度下，3 天的时间，奇迹就发生了，这枚古莲子居然发芽了！再经过 3 年的培育，千年古莲终于开了花，绽放出美丽的生命。

就在人们惊羡她现实的明艳时，然而，有谁知道，她是历经了怎样彻骨的苦痛才梦想成真的啊！这其中蕴含着多么深刻的生命哲理啊！

由此我想到这世上有种人，像睡莲，顺境会使她的生命变得平庸，一辈子也不可能发芽，更不能让梦想开花；可是，当你用砂轮打磨她，或是用小榔头敲击她，终究会把她那颗沉睡的心唤醒，生命因此美丽和精彩！

路窄心宽

世上的路有曲直宽窄，就像人生的路一样。

当一个人通达得意之时，他的路是宽直的，要雨得雨，要风得风，笑逐颜开，正像一首诗中写到的“春风得意马蹄疾，一日看尽长安花”。

当一个人困穷失意之时，他的路是曲窄的，举步艰难，常遇暴风雨，心情难免沮丧，愁眉不展，疑似山重水复，无路可走。

宽直的路虽人人所羡，但未必是件好事。一个人倘若走惯了宽直的路，一旦遇上泥泞曲窄的路，就容易摔跟头，跌得头破血流。

曲窄的路虽人所不愿，但未必是件坏事。一个人只有在这条路上磕磕绊绊，经受住摔打锻炼，才能变得坚强、成熟，最终走上成功的坦途。

然而，人生的路并非总是平坦宽阔的，不如意、不圆满才是常态。哲人说："曲曲折折的是人生。"当我们行走在窄路上的时候，我们应当把心放宽一些，坦然地去面对。

心窄之人，遇事想不开、放不下，总是悲观地看问题，即便眼前的路很宽阔，也会觉得狭窄难行。

心宽之人，乐观豁达，能容人所不能容，忍人所不能忍，即便眼前的路很狭窄，也能泰然处之，在困难面前看到希望，坚韧地走下去。

大凡成就事业者，都不是心窄之人。而心宽的人，即便"行到水穷处"，也会"坐看云起时"，人生进入一个新的境界。一个人只有心宽了，人生的路才会越走越宽阔，越走越通达。

感悟达子香

每当春回大地、万物复苏、残冰还没有完全消融的时候，达子香欣欣然地睁开惺忪的眼睛，迎着微微的风，绽放着淡紫色的笑靥，散发着淡淡的清香。

小兴安岭上的达子香，是一种多年生的常绿灌木，它分枝多，叶互生，花开在枝顶。它既不高大，也不粗壮，看似柔弱，实则刚强，无论命运把它抛在哪里，哪怕是险崖峭壁，达子香也不怨天尤人、悲观失望、自暴自弃，而是紧紧地抓住一点儿泥土，咬定不放，绝处逢生，让生命开出灿烂的花朵。你看，在山坡、在丛林、在溪边、在崖上，那一片片红彤彤的不正是盛开的达子香吗？它像火似霞，绽放的是生命的颜色！哦，达子香，虽然你什么也没说，却给了我生命的启迪。

曾经年少的我爱追梦，在达子香花开的时候，默默地在心里许下一个诺言：等到有一天，我一定要像达子香那样绽放生命的美丽，实现我的梦。

然而，许多年过去了，在人生的旅途上，我磕磕绊绊地一路走来，也曾浸透奋斗的泪泉，收获一丝成功的喜悦，但更多的是苦闷和失意。

梦想有时就像一只鸟，当我蹑手蹑脚地靠近时，想要伸手捉住它，它像受到了惊吓，翅膀一“扑棱”，飞走了。我的愿望落空了，像是从云端坠下，重重地摔在地上，我又回到了现实的世界中。

我常常徘徊在家房后河堤上的那条小路上，一边踱步，一边思考。不知不觉，我顺路来到了山脚下，猛抬头，我眼前一亮，就看见在陡峭险峻的悬崖上，一簇簇的达子香开得正艳，像火一样燃烧着生命的激情。

此时此刻，我突然被眼前的景象震撼了：像达子香这样原本普通的生命，身处逆境，泰然处之，既不畏惧生存环境的恶劣，也不放弃最初的梦想，它以常人无法想象的坚忍顽强地与命运抗争，硬是在崖壁上开出艳丽的花朵，露出灿烂的微笑，创造了生命的辉煌。面对达子香，怎能不令人感喟呢？

此时此刻，我似乎领悟到什么，往昔的苦闷和迷惘不见了，我的心胸豁然开朗，从此变得更加坚强。

小草

我是小草。我很普通，没有华丽的外表和装束。

我有一个愿望，我要长成一片绿色，献给哺育我的母亲——大地。

命运之神最爱捉弄人。她神通广大，面目狰狞，不可一世的样子，意图让我屈服，任从她的摆布。

然而，倔强的我又怎能向她低头呢？命运之神生气了，她把我抛弃在一个阴暗的角落里，还把一块重重的石头压在我的身上，让我几乎喘不过气来。

此时，我多么渴望阳光、多么渴望雨露啊！可是我知道，这对我来说只是一种奢望。我大声地叫喊："谁能帮帮我啊！"无论我怎样地叫喊也听不到一点儿回音。

面对不幸，我也曾感叹过，但是，那又有什么用呢？我深刻地认识到：世上从来就没有什么救世主，只能靠自己。

我对自己说："我是小草，到哪里都能生长。无论身陷怎样的逆境，都不能阻挡我生之意志，都不能泯灭我心中的希望。"

我背负着石头奋力地挣扎着，顽强地与命运抗争。

我把根深深地扎进土壤里，拼命地吮吸养料，因为只有这样才能积累足够的力量。有时候，为了生存我不得不把身子弯曲起来，然后向着阳光的方向往地面上挺……就这样，石头终于被我掀翻了。

可是，命运之神并没有罢手，她驱使着暴风雨向我袭来。

我从容而微笑地面对着，并大声地喊道："让暴风雨来得更猛烈些吧！"

……

乌云渐渐散去，一缕阳光从石缝间透了进来，照在我的身上。我慢慢地睁开眼睛，我发现，我没有死，我还活着。

不知过了多久，突然，一阵凛冽的寒风刮来，我看见命运之神亲自驾着"玉龙"飞来，搅得周天寒彻，想把我冻死。

我穿着单薄的衣裳在寒风中瑟瑟发抖，渐渐地，我被冻僵了，失去了知觉……

我好像做了一个梦，我仿佛看到我的梦想就在前方，她在向我招手；又仿佛看到大地母亲正张开臂膀，把我紧紧地拥抱。

我想，既然冬天已经来了，那么春天还会远吗？

蜜　蜂

其实，我以前是不大喜欢蜜蜂的。小时候的我特别淘气，每年春天，看见小蜜蜂不停地扇动着翅膀，嗡嗡嗡地穿梭在花丛中的时候，就像捉彩蝶一样去抓，结果被蜜蜂蜇了，像针扎一样的疼。

记得我的手上红肿的大包，好几天也不下去。大人们告诉我，蜜蜂是不能随便招惹的，它的尾部长有毒刺，打那以后我就对蜜蜂避而远之了。

后来，我的妈妈不知道从哪儿弄来一罐子淡黄色的浓得像糖浆一样黏稠的东西，说这就是蜂蜜，可甜了。馋嘴的我有点儿不相信，就拿起一根筷子，伸进罐子里蘸了点儿蜜，然后放入嘴里，又用舌头抿了抿，就顺滑地咽下去了，再吧嗒吧嗒嘴，味道香浓甜润，我还是第一次品尝到蜜的味道，感觉好极了。难道眼前这么好吃的东西真的是那些爱蜇人的小蜜蜂采百花酿成的？我当时有点儿不敢相信。大人们说，蜂蜜可是个好东西，不仅具有经济价值，常吃还能滋养身体，延年益寿呢！于是，我对蜜蜂产生了兴趣，不由得喜欢上了这些小精灵。

在我居住的那个林区，也有几户人家养蜜蜂，没事就到那边转转，远远地看一团蜂，闹哄哄地围着箱子，总是忙着飞，不觉得累。我和伙伴们秋天去采山，看见山里一户养蜂人家的院子里摆满了方形的木蜂箱，院中那位养蜂的老爷爷竟敢用双手娴熟地拽出蜂箱里的木板，那上面爬满了密密麻麻的蜜蜂。我本想上前看得仔细些，但一想到曾经被蜜蜂蜇过的经历，心里就有点儿发怵。可是，我心中一直有个疑问，就是一只蜜蜂酿一千克蜜得采多少花呢？于是，我就站在他家的院子外问这个问题，可是老爷爷也说不清楚，回答不上来。因此，这成了我心中的一个谜团。

在以后的日子里，我读书看报时特别留意有关蜜蜂的资料。一次，我偶然在报刊的一角发现这样一段文字："据有人统计，一只蜜蜂如果要酿造出一千克蜂蜜，需要采几百万乃至一千多万朵花，它往返飞行的距离大约有几十万千米，相当于绕上地球好几圈！”我当时就被这组数据震撼了，不由感触起来。

多么了不起啊，这看似渺小的蜜蜂！它生命不息，酿蜜不止，竟让自己的生命变得崇高起来。

因此每当我看到蜜蜂、看到甜甜蜂蜜就想，难道它仅仅是在酿蜜吗？不！它何止是在酿蜜，它是在酿造一种精神，一种叫作“自强不息”的精神！正是因为有了这种精神，蜜蜂那原本渺小的生命体才变得高大！倘若我们也能像蜜蜂那样，“终日乾乾，自强不息”，那么我们的生命难道还会平庸吗？

幸与不幸

山间有一条小溪，昼夜不停地流淌着。周围的植被，生长得很茂盛。

溪边有棵槐树，皮很粗糙，枝叶参天，只是身子弯弯的，看样子年纪不小了。离它不远的地方，长了一棵垂柳，只有碗口那么粗，它很年轻，也很秀气。

有一天，不幸的事情发生了：一个砍柴的人经过这里，不经意地把它俩从根砍断，这对它们来说，简直就是生命的劫难。

若干年过去了，当这个砍柴人再次来到溪边，却惊奇地发现，就在那棵碗口粗的柳树根下，居然又伸出一棵柳树，长得比从前还要郁郁葱葱，婀娜多姿，充满朝气。而那棵老槐树，却只留下一个布满一圈圈年轮的树墩子，静静地躺在那里，又黑又丑。因为它的年纪太大了，已经没有能力从头再来。

由树及人。一个人在他年轻的时候如果遭遇挫折，甚至是致命的打击，这虽然对他来说也许是不幸的，但同时也是幸运的，因为他还年轻，可以鼓起勇气从头再来；如果一个人很走运，到了四五十岁灾祸临头那才是真的不幸，就像那棵老槐树似的，已经没有能力重新做起，因为年纪太大了。

老子说："祸兮福之所倚，福兮祸之所伏"，幸与不幸都是相对的。一个人如果在幸运的时候不思进取，得意忘形，那么不幸的事情就会发生；反之，一个人在不幸的时候能忍辱负重，"卧薪尝胆"，从头再来，那么幸运之神终将会来。

生如樱花

樱花怒放的时节，未见其花，便闻其香，那是从远处随风飘送来的幽香，弥漫在空气中，沁人心脾，像溢满酒杯的陈酿。遥看漫漫的樱花，白的像雪，粉的像霞，霎是妖娆。

近观之，映入眼帘的一树树樱花，带着晶莹欲滴的露水，在晨曦中展现娇美，宛若偷下凡尘的仙子。置身在樱花丛中，仿佛来到了人间仙境，如梦似幻。

多少游人只因惊羡它的美丽，如潮水一般涌来，一睹樱花的容颜，以至流连忘返。

然而，有谁知道，看似柔弱的樱花，却有一颗坚韧的心。为了梦想，它学会了等待，默默地承受着漫长严冬的考验和不被人知的心灵的煎熬……

在与命运的博弈中，生存的经验告诉它：欲速则不达，很多事情并非是它主观所能掌控的，也要讲究机缘，就像日本有句谚语说的那样，"樱花不到季节是不会开的"。

现在，樱花终于等到了这一天，那满枝累累的花朵，就是它追逐的梦！

那么，渴望成功的我们，难道不应该像樱花那样吗？在执着地追逐梦想的时候，学会等待，因为等待也是一种智慧，等待也是一种谋略，等待也是一种心态，在经历了由量变到质变的这一过程，我们的生命也会怒放，亦如樱花一般绚烂！

蝮蛇的智慧

在我国辽东半岛的西南端，渤海海峡的北面，有一座高不过二百多米，方圆不到一平方千米的孤岛，那里生活着数以万计的蝮蛇，这就是世界上著名的蛇岛。

据专家考证，早在数百万年前，这座蛇岛其实是和大陆连在一起的，岛上不仅有毒蛇——蝮蛇，还有无毒的蛇。由于地质变迁，它与大陆断离而成为一个四周被海水围困的孤岛。由于那里没有长年的积水，因此也不会有蛇类通常吃的食物——鱼和蛙。摆在蛇类面前的只有两个选择：要么等着挨饿，要么改吃别的食物。面对残酷的生存竞争，无毒蛇渐渐地被淘汰，而蝮蛇却顽强地存活下来，这究竟是为什么呢？

原来，对蛇类来说，唯一的食物是从天上飞来的小鸟。这小鸟也并非常有，一年只有两次机会，一次是候鸟北归的五月，一次是九月和十月上旬，候鸟南迁的时候，它们将在岛上短暂地停留。

可是，小鸟善飞，捕捉也并非易事。无毒蛇没有特殊的办法和利器，即便机遇来了，它们也是干着急，让机遇白白地从身边溜过，等待它们的只能是挨饿和被命运淘汰。

而蝮蛇却不同了，它有两种先进的捕食工具——毒牙和颊窝。毒牙是一中空的“小刺”，类似特细的注射针头。当蛇张口咬食物时，肌肉随着收缩，就把毒液灌注到捕获物中去，能很快杀死小鸟。颊窝是长在蛇的鼻孔两侧的凹陷，对温度非常敏感，相当于一个热测位器，能够分辨物体的差异和它的方位。虽然蝮蛇具备了捕鸟的先天条件，但是，如果不借助智慧的力量也是枉然。那么，它是怎么做的呢？

如前所述，蝮蛇一年中只有两次进食的机会，在候鸟没来的这段时间，它们只能耐心地等待。这个过程或许很漫长，很无奈，但是，只要耐得住寂寞，哪怕是忍饥挨饿也要挺住，机遇终将到来。

当五月春回大地，候鸟从南方成群北归，它们路经蛇岛，便在此地歇息。蝮蛇终于等到了这次难得的机会。它们弯弯曲曲地趴在向外伸展的树枝上，前端留出一段枝头，把自己伪装成树枝模样，然后一动不动地待在那里，专等哪只小鸟偶然落在枝头，蛇身立即伸直，蛇头如弹丸一样迅速地袭击小鸟，往往百发百中。饱餐后的蝮蛇要想再次进食，就得等到候鸟南迁的时候了。就这样，年深日久，蝮蛇逐渐地适应了蛇岛的生存环境，最终繁盛起来。

聪明的蝮蛇启迪我们：机遇是公平的，但这并不意味着每个人都能抓住它。机遇是只给有能力、有智慧的人准备的，倘若不具备一定的能力，则会与机遇失之交臂，那么这机遇就不属于你。机遇也要靠智慧去争取。当机遇未到之时，要学会等待，学会韬光养晦，容常人所不能容，忍常人所不能忍，才能厚积薄发；当机遇降临之时，不能徘徊张望、坐失良机，而是要全力以赴、迅速地抓住它，才能因此而改变命运，成就美好的未来。

登山与人生

如果你是一位游客，如果你喜欢登山，那么你也许会有这样的感受：上山的路有许多条，这些路或许是前人开凿的；或许是走的人多了自然而成的；或许是为了游客上山方便，有关部门、人员修建的，不仅有石阶，还有扶手、索链，很好走，也很安全。如果你累了，爬不动了，不用担心，“挑山工”会把你抬到山顶，这时的你可能和大多数人一样，以为自己领略了最美的风景，因而沾沾自喜。其实，世之奇伟、瑰怪、非常之观，常在于险远，而人之所罕至焉，故非有志者不能至也。

人生就像这登山一样，摆在你面前的路有多条，或许是别人为你安排好的，或许是别人已经走过的，总之，这些路很平坦，也是很快就能登上山顶的路，大多数人都认为这是上山的一条捷径，因而都选择了这些路，他们最终看到的景色也都差不多。然而，却有那么少数一些人，他们要么选择了崎岖的山路；要么从没有路的地方开辟出一条路，这样的路坎坷不平，荆棘密布，险崖峭壁，异常难行，有时甚至会丢掉生命。但是，尽管这样，他们仍然不畏艰险、沿着陡峭山路向上顽强地攀登，披荆斩棘，越挫越勇，历经山重水复，种种磨难，终于迎来柳暗花明，他们看到了常人所不能看到的无限风光，达到了常人所不能达到的光辉顶点，实现了他们的梦想。

大王花与原上草

在印度尼西亚苏门答腊的热带密林中，生长着纳夫来希亚花。全花呈红色，但有许多淡黄色或者淡紫色的斑点。花瓣中央有一个三四十厘米的大花蕊，像个大圆盘似的，如果盛满水，也得有五六千克重。这种花的直径有一米四左右，全花重达六十多千克，堪称世界花中之王，因此，人们又叫它大王花。

然而，我却不大喜欢大王花，因为它不但没有茎和叶，而且没有根，一生只是一朵大花。也就是说，它不能独立生活，退化的茎变成了菌丝状，是寄生在葡萄科植物的藤的根茎上，用菌丝吸取寄主的养料。

这世上有种人多么像大王花，他们的所谓令人惊羡的美丽和让人仰止的名望，其实都不是靠自己的奋斗得来的，而是倚靠他人的力量获得的。

相反，我更喜欢原上草，其实就是原野上极普通的小草。它既没有花的馨香和艳丽，也没有树的婆娑和伟岸，它实在是太卑微、太平凡了，以至人们都不愿意多看它几眼，甚至忽视它的存在。

然而，这看似不起眼儿的小草，也有绿满天涯的梦想，尤其是它的品格，最值得人们学习和称赞。小草有着顽强的生命力。它不择地而生，也不倚靠谁，即使身陷逆境，也不怨天尤人，而是为了心中的梦想坚韧地抗争命运，哪怕烈火焚烧，也能岁岁春荣。

此时，我不由想起唐代大诗人白居易，他就是一株原上草。白居易虽出身于官宦之家，但家境并不富裕，又因战乱而随父颠沛流离。他自幼好学，五六岁便学写诗，九岁谙识声韵，他勤奋刻苦，夜以继日，以至口舌生疮、手肘成胝。据说，白居易初到长安，携诗拜访京城的名士顾况。起先，他看到“居易”的名字打趣地说：“长安米贵，居大不易。”待他读到白居易早年的习作《赋得古原草送别》时，被其中的四句诗：“离离原上草，一岁一枯荣。野火烧不尽，春风吹又生”所吸引，不禁大为赞赏说：“有句如此，居亦何难！”白居易一生写诗近三千首，终成为一代大家。

即使我们成不了让人羡慕的大王花，那么，就让我们做一株忘忧的原上草，自由自在地唱着歌谣，努力地长出属于自己生命的颜色！

犟松

生命的树种被风吹落了，有的落在平坦、肥沃的泥土里，有的落在山坡树林间，有的不幸落在险崖峭壁的石缝中，谁也无法选择。

落在平坦、肥沃泥土里的树种，沐浴充足的阳光、雨露，茁壮生长着；落在山坡树林间的树种，虽没有前者环境优越，但也长得顺当；而落在石缝中的树种就没有那么幸运了，恶劣的环境几乎让它窒息，但它还是顽强地活了过来。由于缺肥少光，生长缓慢，十年过去了，居然变化不大。

又过了十年。

这时候，它的同伴们已经长成了参天大树，挺拔、伟岸，而它才从石缝里斜斜地挺出头来，柔柔弱弱的样子，刻着先天不足的烙印。

所有的不幸，它都默默地承受；所有的苦难，它都化作内在的斗志。它太犟了，不肯向命运低头，也不屑于自己外表的瘦小和同伴们的嘲弄，紧紧地抓住泥土，把身子斜向上伸出来。因为它知道，生存环境无法改变，只能改变自己。它以无法想象的坚韧和命运顽强、持久地抗争着……

转眼已是百年。

有一天，突然山里来了一群游客，他们被险崖峭壁的石缝中斜伸出来的奇松吸引住了，虽然它只有碗口那么粗。导游小姐提醒大家，这棵松树已经在那里生长了一百年了，当地人给它起了个名字叫“犟松”。游客们听了叹为观止。站在犟松面前，不由产生一种对生命的敬畏之情。

这是怎样的一棵树啊！在石缝里，历经百年风雨，硬是挺立出来，还长成了一道奇绝、瑰丽的风景。然而这背后，有谁知道它到底经历了多少世事沧桑啊！

犟松，就像一位世纪老人站在那里，虽然什么也没说，却告诉了人们应以怎样的姿态活着。

笨鸟后飞

有一则童话：大鸟妈妈有 5 个孩子，当中的一个长的和其他几个孩子不太一样，大家都嫌弃它，谁也不喜欢它。到了学飞的阶段，同伴们表现得都很出色，学得既快又好，只有它学得慢，无论怎么努力都飞不高、飞不远。因为它表现差，同伴们都嘲笑它，还给它起了个绰号叫“笨鸟”。它听了以后心里很难过，就对自己说：“总有一天我要一飞冲天！”

有一天，一个声音打破了这里的宁静，“鸟鹰来啦，大家快逃啊！”鸟群里一下子惊乱起来，大家各自飞走了，只有这只“笨鸟”落在最后，又因为它逃命时慌不择路，不慎掉进了万丈深渊。就在它像石头一样急速坠落的过程中，它本能地拼命拍打着劲翅，它的叫声大得惊人，奇迹出现了，它箭一般地从悬崖下面一飞冲天，这时它才发现，它长得和鸟鹰一般模样，原来，它不是一只普通的鸟，它是一只鹰！

这个“笨鸟”变鹰的童话故事给我们心智上很多启迪。现实生活中就有一种人，他们上学时资质平平，被少数人视为“差等生”，可是，若干年后，这些人竟然在各自的领域里大显身手，干出了一番事业或取得显著的成就，他们由一只“笨鸟”变成了一只雄鹰！

我国著名数学家华罗庚曾经演绎了现实版的“笨鸟”变鹰的童话。华罗庚上小学的时候成绩很差，是全班出了名的“差等生”，因为成绩不好，他连毕业证书都没拿到，只拿到一张修业证书。在初中一年级时，他的数学也是经过补考才及格的。尽管这样，他也没有自甘堕落，泯灭心中的梦想，而是以勤补拙，发奋学习，最终取得了显著的成就，由一只“笨鸟”变成了一只雄鹰！

和华罗庚一样，最伟大的物理学家爱因斯坦在小学和中学时代，也曾被老师视为“差生”和“没出息”的孩子。他潜在的智慧和创造才能在以后的成长过程中逐步显露出来，最后成为世界伟大的科学家。

“笨鸟”后飞，由“差生”成为一个有出息的人，无论中国还是外国，这样的例子很多。鸟有灵有笨，人也有贤有愚。就个体而言，无论是先天禀赋，还是后天智力，都有不同程度的差异，所以，成才也有早有晚。早成才的如灵鸟先飞，但未必就能飞得最高，飞得最远，这就像有一种人，上学时成绩优秀，头脑聪明，好像很有天赋，可是到后来却资质平平，一生碌碌无为或成就一般；晚成才的如笨鸟后飞，这种人或许是老子说的“大巧若拙”，上学时成绩很差，看似愚笨，可是后来却迎头赶上，表现出非凡的智慧和创造力，就像华罗庚、爱因斯坦一样。

由此我们得出这样的结论：笨鸟后飞，也能“不鸣则已，一鸣惊人；不飞则已，一飞冲天”，不仅会变成一只雄鹰，或许还能变成展翅几万里的鲲鹏！

野杜鹃开在最险处

北国林都的野杜鹃，总是牵着春风的手，绽放灿烂的笑靥，把小兴安岭妆扮得姹紫嫣红，烂漫缤纷，分外妖娆。

山里人，尤其是少男少女，最喜欢采折野杜鹃了，那是大自然为他们准备的春天的礼物。他们把采来的野杜鹃插在水瓶里，花香就会弥漫满屋。野杜鹃不仅装饰了山里人家，还装饰了他们的生活。

这些多年生的野杜鹃，只因为生长的境况不同，它们的际遇和命运也就不一样了。它们有的长在平坦的林地里，有的长在山坡上，还有的长在险峭的崖壁之处。虽然林地和山坡上的野杜鹃因生长环境优越而最先开放，但是，等待它们的将是被人采折的命运。正是由于这儿的野杜鹃好采，又没有任何危险，所以人们最先折到的就是此处的野杜鹃。而崖壁之处的野杜鹃，则躲过了被折的命运，还出现另一番光景，那一簇簇的野杜鹃开得正艳，花朵绚烂若烟霞，只能让人羡叹！

同样是野杜鹃，两者的命运结局大相径庭。顺境中的野杜鹃也曾春风得意，却不知退步守身，危险将至，最后乐极生悲，无枝可折，昔日的风光如同过眼烟云，留下的只是一场空梦；逆境中的野杜鹃，虽生不逢时，命运多舛，但从不悲观失望，怨天尤人，而是处众人之所恶，懂得越是不被人注意、看似危险的地方才越安全，故能在保全自己的同时，穷则思变、厚积薄发，让生命绽放出艳丽夺目的花朵。

由此悟得：一个人顺境时不能自得，锋芒太露容易招来妒忌，安乐中也会隐藏着忧祸，所以要才华须韫，居安思危，处进思退；一个人逆境时不要自卑，而应随遇而安，自强不息，须知危中有机遇，险处有风景，就像开在最险处的野杜鹃那样，智慧地成就梦想。

小树的遭遇

从前，有户人家的园子里栽了一棵小树。

一次，主人不经意地把一个废弃的自行车座子丢在了园子里，正巧丢在小树旁，紧挨着小树的根部，还被埋进了泥土里。在旁人看来，也许无所谓，但是，对于一棵有生命的树来说，那可是她生长的最大障碍。

随着岁月的流逝，小树渐渐地长大、长粗，而那个被她认为是“怪物”的破车座子越来越明显地威胁着她的生存，无论小树怎么使劲，也不能把她移动，她成了小树的一块心病。

一只小鸟飞来，落在了小树的枝头上，欢快地歌唱。可小树怎么也高兴不起来，那“怪物”一点点儿地弄伤她的身体，伤口还流着血，痛得她发出阵阵的呻吟声，但是，没有人听得到。

小树站在那里，默默地忍受着身体的伤痛，她不甘心放弃生的希望。她用自己的坚韧与“怪物”抗争。她太累了，沉睡过去，做了许多梦，那是关于春花和秋月的梦，关于阳光和彩虹的梦，还有关于明天的梦……

在梦里，她得到了安慰，得到了力量和勇气，得到了关于生的可贵。

一觉醒来，她突然明白了，既然无法排除它，那么就包容它。

奇迹出现了，那“怪物”竟然长进了小树的身体里，被小树所包容，而不感觉到痛。

若干年后，园子的主人在一次施工中惊奇地发现，一个锈迹斑斑的废自行车座子竟然融进树根里，成为一个“怪异”的组合。这一消息不胫而走。

有位根雕艺术家闻讯赶来，像找到宝贝似的欣喜若狂。他把树根带走后，树根在他的手里竟然变成一件根雕艺术品。

这就是一棵小树的遭遇。

泥土的气质

泥土之德，宽厚有容，生养万物而不争，如《易经·坤卦》所云："地势坤，君子以厚德载物。"是故，凡世间崇高之物，莫不寓于平凡之中，正像古往今来那些先贤大德之人，虽处众人之中，但看上去就和平常人一样。

泥土之性，谦卑有情，能忍人所不能忍，处众人之所恶，故能成其大。正像世上的一种人：他似泥土那样有善德，存心质朴，谦逊卑微，低调处世，甘愿处在人们所不愿处的地方，忍受常人所不能容忍之事，却能乐而忘忧，所以，其志必高，其所致必远。

然而，有的人总以为泥土柔弱，就轻视它、欺压它，常常狠狠地将它踩在脚下，"呵，我多伟大！"

其实，泥土看似柔弱，但它的适应性和可塑性极强，能方能圆，能柔能刚，能屈能伸，于无形之中默化，虽眼前柔弱，却转而变得如城墙一般坚硬。君不见，那雄伟的万里长城，历数百年风雨，仍然屹立不倒，多像中国人的精神啊！古长城所用的每一块青砖，其实都是用泥土烧制而成的。试想这松软的泥土，被人借助于外力和模具，将泥料加工成砖坯，再送进土窑里烧制，它要忍受住怎样的高温啊！待它出窑水冷后，便拥有了生命的硬度，用它砌筑的城墙，坚不可摧，能不令人叹喟吗？

由泥土不禁联想到一个人的遭遇。如果一个人将生命中的横逆困穷视为一副炉锤，能受其锻炼，则身心受益，便会拥有像泥土一样的气质和生命的硬度，这种人即便成不了豪杰，也一定会成为卓尔不群的人！

心中的向日葵

在我心中，最美的花不是长在田野里，也不是长在花盆中，而是鲜活地长在画布上的向日葵，它散发的艺术光彩让世人为之惊羡！

由此，我仿佛看到有位画家，在原本空白的画布上痴迷地画着向日葵。他的神情是那样地专注，好像忘记了世界的存在，忘记了人生中诸多的烦恼、忧郁和痛楚，整个身心都沉浸在绘画的艺术氛围中。他不单是用笔、用心去作画，而是倾注了全部的热情，他是在用生命去作画啊！

这位画家外表丑陋，满头红发，颧骨突出，鼻子很大，紧戚的浓眉下深陷着一双不大的眼睛，额头上布满了皱纹。他的一只耳朵也残缺了，并用纱布包裹着，这在他的自画像中可以看到，他的样子好像战场上受伤的士兵。

他为人淳朴憨厚，心存仁爱之心，曾当过教士。但他性格孤僻，行为有些荒诞，很难被人理解和接受，因此，人们都避而远之。

他一生贫困潦倒，生活还得依靠弟弟接济。为了购买绘画的材料，他长期节衣缩食，身体显得瘦弱。

他唯一的爱好就是绘画。在这方面，他没有受过专业的训练，虽然也曾向别人学习过，但他最终走上了一条自悟的道路，整天不停地画。尽管生活困顿，爱情失意，常遭同行的冷眼和揶揄，也没有丝毫减退他对绘画的追求和热忱。

应该承认，他在绘画方面有一定的天赋，但也离不开平时的勤奋努力。他喜欢自由地绘画，试图用丰富的色彩去表达自己复杂的内心世界。他的画生动质朴，风格独特，富有意境。可是，他的画生前不被人发现和欣赏，只卖出过一幅作品，仅仅得到过50法郎。

孤独、贫穷、痛苦和焦虑长期折磨着他，使他情绪失控。他疯了，用手枪结束了自己短促的生命，时年才37岁。

然而，怎么也想不到，就在他离世以后，又过了43年，也就是1933年，在纽约的拍卖行，他的一幅画以高达一亿美元的价钱拍卖成交，创造了人类有史以来艺术品拍卖中的最高纪录。这幅画就是《向日葵》，作者是文森特·梵高，享誉世界的荷兰画家。

由梵高我联想到：生命的意义不在长短，而在于价值。但是，价值也有一个被认知的过程。有的人，在他活着的时候，其价值很快被人发现和认可，这种人是幸运的；还有一种人就没有那么幸运了，其价值显现得慢，好比一颗被土掩埋的明珠，天长日久不显露，只待狂风吹去尘土，放出璀璨的光芒，世人才会看到它的价值。然而，他们再也等不到这一天了，早已沉眠于地下，无从得知了，可谓生不逢时，死后流芳。

生命的价值又是我们赋予的。如果把生命比作一张画布，最初的时候那上面是空白的，就看我们如何去绘画。若想让生命有意义，画出自己绚烂的人生画卷，不能依靠他人，因为生命的画笔就紧握在我们自己的手中！

曲线人生

人生不是直线，而是曲线。

直线的人生意味着人生的轨迹没有曲折，一马平川，要雨得雨，要风得风，正是“春风得意马蹄疾”，任你驰骋，最易抵达成功的彼岸，这也是人们梦寐以求的。但是，我们思索后认为，这样的人生只是一种理想状态，而非常态。

真实的人生是曲线的，意味着人生的路坑坑洼洼，曲折不平，有鲜花，也有荆棘，有阳光，也有风雨，总之，并非是一帆风顺、遂人心意的。

曲线人生的轨迹起起伏伏，就像海的浪波，有高峰，也有低谷。

当我们通过奋斗，取得了一些成绩，实现人生的一个目标，这时候，我们的人生正处在一个高峰。当我们遭遇挫折而失败，身陷困境无法摆脱时，我们的人生已跌入低谷；如果我们继续努力拼搏，不断积蕴力量奋力向前，人生的曲线也会从低谷缓慢攀升，达到一个新的顶点，这意味着我们又攻下一个奋斗目标，人生又处在波峰之上。

但是，没有谁能保持高峰的状态永远不变，哪怕你当一国总统也是有任期的，过了人生的高峰期，终究要滑落，这是人生发展的规律。

有波峰就有低谷，有成功就有失败。综观古往今来的成功者，他们的人生轨迹都不是直线的，而是经历了各种艰难困苦的考验，呈现出不规则的曲线发展的特点。他们也曾一次次地失败，一次次地跌倒，只不过他们站起来的次数比跌倒的次数多一次而已，因此，他们最后成功了。

尽管曲线的人生不是我们所希望的，每个人都渴望人生的道路少些坎坷，走得平坦。但是，换个角度看，曲线的人生能造就出强者，“自古英雄多磨难，从来纨绔少伟男”，此话一点儿也不虚。

在曲线的人生道路上行走，我们不要害怕前方的风雨，也不必怨天尤人、悲观叹息，而应以积极的心态坦然地面对人生，勇敢地走自己的路，在经历风雨之后，终能见到彩虹。

第五章

启迪心灵
成就梦想

别把自己放在高处

我有一位信佛的朋友，他常说的一句话是，“高处有险”。起初，我并没有真正理解这句话的意思，后来经历的事情多了，也就渐渐地领悟到朋友所言蕴含的深义。

人嘛，相对而言，在内心深处，谁都渴望自己被他人重视。倘若自己在某一方面有长处，就会不经意地把这种优势表现出来。我也是这样一种人，想免俗很难。

记得那是许多年前，我在一个网站的文学沙龙群里注册了网名“思想者”，没事儿的时候，我也在群里发表些文章，还特意在文章的后面注明自己是省作家协会会员。于是，引来不少网友的关注，除了正面评价文章的帖子以外，我发现有几个帖子言语酸刻，分明是在恶搞。看了这些带有人身攻击内容的帖子，我十分气愤，就找机会在线与他们理论，结果闹得大家很不愉快。当时我心里想，我和他们也无怨仇，又没得罪过这些人，干吗要找我麻烦呢？我把这些话吐露给群里的一位异性网友，她直言不讳地告诉我：“谁让你高调来着！这个群里都是一些文学爱好者，你以作家的身份出现，让个别人心里不舒服了呗，下回可要注意啦！”她善意的劝告让我感到一丝温暖，而我也从这件小事中吸取了教训，经常告诫自己——别把自己放在高处。

高处有险！朋友的话又浮现在我的脑海里。我不由想起了庄子笔下的一只老猿猴，它胆子大，又擅于攀援、跳跃。有一次吴王坐船路过长江登上猴山，猴子们见了他慌慌张张地逃进林中。只有这只老猿猴爬到高树上，在枝间跳来跳去，好像在夸耀自己技巧高超，结果却成了众人的目标，惨死在乱箭之下。

既然高处有险，那么我们在涉世时就应该时刻提醒自己，要摆正位置，千万别把自己放在高处，否则就会成为众矢之的。岂不闻古人有云，

“木秀于林，风必摧之；堆出于岸，流必湍之；行高于人，众必非之”，若要安身立命，少遭妒恨和排挤，我们就必须虚怀若谷，谦卑处下，谨言慎行，圆融处事，只有这样才能搞好周边的人际关系，赢得别人的好感和支持，积极地适应社会，人生的路也就越走越顺达，越走越光明！

苏轼与曾国藩

观古时俊杰——曾国藩、苏轼，我们或许能从这二人的经历中得到启迪。

提起苏轼，人们并不陌生，知道他又叫苏东坡，是北宋大文豪，甚至还能背几句他写的词：“大江东去，浪淘尽，千古风流人物……”苏轼之文汪洋恣肆、豪放旷达，对后世影响很大，为“唐宋八大家”之一。其实，他还擅长行书、楷书，能自创新意，用笔丰腴跌宕，有天真烂漫之趣；在绘画方面也有很深的造诣，喜作枯木怪石，主张神似。可以说，苏东坡的艺术光芒，辉耀在中国历史的星空上。

然而，就是这样一位才华卓越的风流人物，在仕途上却是个失败者。

纵观苏东坡一生，政治上经常遭到排挤和打击，被贬放逐，颠沛流离，可谓九死一生。有一次，他因诗获罪，被捕入狱，史称“乌台诗案”。那么，真实的原因究竟是什么呢？其实，苏东坡历次被贬，都是“莫须有”，并非真的犯罪，而是有人故意歪曲他的诗句，网织“谤讪朝廷”的罪名加在他头上，搞“文字狱”。他的弟弟苏辙曾对此事说过一句话，“东坡何罪？独以名太高”，一语道出了真相。只因他太出色了，能把四周的笔墨比得十分寒碜，引起一部分人酸溜溜的嫉恨；即便皇帝想起用他，也会遭到当权者的非难，有些人对他简直恨之入骨，欲置他于死地，试问苏东坡能不命运多舛吗？

与此相反的是曾国藩，虽然没有苏东坡那样的才华，但他懂得为官之道，能够隐忍克制，顺应时代潮流，因此，他的仕途才能畅达：从一个普通的农家子弟，后任两江总督，成为清廷付与大权的第一个汉人，成为中国近代史上较有影响的重要人物。

曾国藩出生在湖南湘乡的一个偏僻的小山村，祖辈都是务农的。他6岁入私塾读书，28岁中进士，为穆彰阿的门生，从倭仁等讲习程朱理学，做翰林院庶吉士、吏部侍郎。咸丰二年（1852年），因母丧返回原籍，恰逢太平天国爆发革命，他因势在家乡组建了一支湘军，为清王朝平定动乱立下了功勋，咸丰十年（1860年）升任两江总督，次年节制浙、苏、皖、赣四省军务。可是，咸丰皇帝并没有因他有功而奖赏他，还听信谗言，对曾国藩产生猜疑。为了避免不测之祸临头，平时总爱慎独的曾国藩还是做了深刻的自省，意识到早年难免有些傲气，遭人嫉妒，无形中给自己设置了许多障碍，埋下了意想不到的隐患。此后，通晓家文化的曾国藩又悟得柔弱处世之道，即以柔胜刚，以弱胜强，藏巧于拙，寓清于浊，收敛锐气，大功不居。他常诵的格言是，“盛时常作衰时想，上场当念下场时”，常求的境界是“花未全开月未圆”，即便权倾朝野，也没有得意忘形，而是稳慎谦恭，隐忍克制，终能善始善终，立于不败之地。

总而言之，苏轼之所以官场失意，虽与其性格及政治立场不无关系，但“木秀于林，风必摧之”，归根结底，还是他未能才华须韫，柔弱处世，克制忍耐，委曲求全，最后招致失败；而曾国藩的成功之处恰恰在于，他把苏轼的短处变成了自己的长处，不露锋芒、以柔克刚，终建盖世功勋，成就非常之业。

目标分解法的启迪

所谓目标分解法，原本属于组织管理范畴，大意是指把组织总目标分解为若干子目标，以通过子目标的逐步完成，最终确保实现总目标。

组织需要管理。人生何尝不需要管理呢？想有钱的人，通过管理可能会成为富豪；想从政的人，通过管理可能会成为政治家；想当伟人的人，通过管理可能会成为伟人。总之，善于管理人生的人就会成功，反之即是失败，管理实在是太重要了！

既然组织运用目标分解法可以成功，那么人生难道就不能借鉴此法吗？

有这样一个例子：世界冠军获得者、日本选手山田本一，在他的一本自传中讲述了他成功的秘诀："每次比赛之前，我都要乘车把比赛的线路仔细地看一遍，并把沿途比较醒目的标志画下来。比如第一个标志是银行，第二个标志是一棵大树，第三个标志是一座红房子……这样一直画到赛程的终点。比赛开始后，我就以百米的速度奋力向第一个目标冲去，等到达后又以同样的速度冲向第二个目标，40 多千米的赛程，就被我分解成这么几个小目标轻松地跑完了。"

其实，山田本一的秘诀就是成功地运用目标分解法，我们应从中得到启迪。

在人生的赛场上，我们应首先知道，自己的最大目标是什么，然后把这个奋斗目标具体分解为若干个小目标。比如说，你想成为一名企业家或是厂长，这是你的总的目标，你可以把它分解为班长、段长、车间主任、副厂长、厂长等若干个具体目标，然后逐一地去实现。这样，成功的把握就会很大。

成功是奋斗出来的

17 岁那年，我初中毕业，考上了当地一所技工学校，成为电工班的一名技校生。1995 年，19 岁的我毕业后被分配到某钢铁厂，成了一名工人。

当我穿上了工装，走进那炼钢厂，展现在我面前的是怎样的一幅场景：那粉尘弥漫的现场，吐着火舌、冒着红烟的电炉，发出震耳欲聋炸雷般的轰鸣声，让我胆战心惊，望而却步。难道我将要在这里放飞我的梦想吗？我感到茫然。但我又想，那有什么用呢？晚上，我翻来覆去地睡不着，最终明了：世上从来就没有救世主，只能靠自己不懈地奋斗，才能改变命运。

我不想平平庸庸地过一辈子，而要有所作为。考虑到将来竞争会更加激烈，如果没有学历，肯定是行不通的。1996 年，我毅然报考了高等教育自学考试，学习行政管理专业。这对于一个没有老师指导和传授的普通工人来说，无疑是个巨大的挑战。

记得报考的第一年，我试着报了一门法学概论，但是我还没有买到教材，这可怎么办呢？我就向一起报考的同学借了一本，把书拿回家抄了起来。功夫不负苦心人，等考完试一个月后公布成绩，我这科过关了，因此我对自考更加有信心。这期间，我也曾有过去工学院上学的机会，只因厂里效益不好，家里拿不出钱，不得不放弃了。生活最困难时，我去伊春考试，带上自己在家烙好的油饼，那滋味只有自己知道。我下定决心，要将自考进行到底。

边工作边学习这个矛盾是一个绕不过去的难题。我解决工学矛盾的唯一办法是发扬雷锋的“钉子精神”，想尽一切办法去挤时间，刻苦研读。在繁忙的工作中，我常常把书揣在怀里，每当工余休息，我就趁工友们或抽烟或闲唠嗑的空闲，闪在一旁，从怀里把书掏出来，赶紧看上一会儿。

我是一名焊工，有时候为了处理炉顶漏水事故，电炉刚出完钢，我就得操起工具冲上去。此时的炉温有近千度，那灼人的热浪袭来，令人窒息。我脚穿的胶鞋踩在那炙热的炉盖上，被烫得“吱吱”冒烟，身上的衣裤都被烤糊了，虽然我手上戴着厚厚的“大巴掌”，但是手背仍然被高温烤出大水泡……每次处理这样的抢修事故，就像被扒了一层皮似的，可是我还是硬挺过来了。等我从炉上下来，缓过劲了，便又拿起了我的自考书，着了迷似的读了起来。这时候，被炉前工看到了，他们嘲笑我说：“装啥呀，电炉轰轰响你还能看进去书？你要是能考上大学，太阳都得从西边出来，哈哈哈……”，这话深深地刺痛了我的心，对此，我选择了沉默，但心里憋着一股劲儿。我刻苦钻研行政管理课程。有段时间，为了加深理解并且弄明白一些重点内容，我中午带饭，在单位将就吃一顿，利用午休的一小时看书，一遍看不懂就多看几遍。

我清晰地记得，23 岁生日那天，我在一次夜班检修中受伤，住进了医院。工友们说我命大。历经这次劫难，我忽有所悟，写下了这样的诗句：“人善天必佑，人恶天不留。生死有何惧，乾坤任自流。”

由于长年倒班，晨昏颠倒，休息不好，加之工作和学习的双重压力，1998 年，我感到健康出现异常，大脑像灌铅似的，昏昏沉沉的，心慌胸闷，整日失眠，痛苦极了。我不得不去医院检查，最后被确诊为“心脏神经官能症”，吃了许多药也未能痊愈，但我仍然坚持上班和学习，从未间断过。

自考的道路没有一帆风顺，经常碰到“拦路虎”。记得在考普通逻辑时，我足足考了 3 年。回想起那段经历，真是不堪回首。凭着这种韧劲，我考过了 12 科。到了 2000 年，我只差一科就结业了，可是没想到，这一年国家教育大纲改革，我所学的专业不但改了一科，还增加了两科。我没有气馁，而是鼓起勇气，迎接挑战。最终，2002 年我如愿以偿地拿到了毕业证书，结束了长达 7 年的自考之旅。那一年，我 27 岁。后来，我又报考了黑龙江省委党校中文本科函授班，2006 年顺利拿到了中文本科学历。这为我以后走上文学创作道路，奠定了基础。

我最大的嗜好就是读书。在我家的书柜里，塞满了近千册书，都是我平时省吃俭用买的。我家的书桌上，还有床头边，摆放着一摞我平时最爱看的“四书”《老子》《庄子》《菜根谭》等书。我非常喜欢高希均的一句名言：“世界上最动人的皱眉是在读书苦思的刹那，世界上最自得的一刻是在读书时那会心的微笑。”我认为，读书可以使人明理，辨别是非，也能使人广博，增长才识，还能使人的气质发生改变，可以说，书可以改变一个人本身及其命运！

我还常常选择夜读。因为我长年倒班，只有下“小夜班”，也就是子夜时分，回到家里，利用睡前的一点儿时间读书。每当我拖着疲惫的身子，独自躺在床上，翻开书，扑鼻的油墨馨香常常让我感到十分地舒畅和惬意。读着、读着，我就捧着书进入了梦乡……

虽然爱书，但我却买不起书。每当我看到朋友那里有好书就借来读，还把喜欢的文章抄在笔记本上。比如，我抄写张克良的诗句，“即使命运从不发芽，不惋惜千百次播种；即使花朵结不成果实，不遗憾千百次凋零。……”我深受启迪：无论是成功抑或是失败，只要奋斗了，就是无悔的人生！抄书，让我忘记了烦恼和劳累，还抄出了智慧，抄出了感悟。

“闲读书”是我的一个习惯，只要一有可利用的空闲就绝不放过。譬如说，工余之时，大伙儿坐下来休息，我则坐在一旁，把书拿出来读。工友们看到我读书的样子就嘲笑我读书都读傻了，简直成了书呆子。我对此不屑一顾，仍然坚持读书，日积月累，很多书就这样被我读完了。有时候出远门，我也不忘随身带上一本书，在候车室里一边看书，一边等车。上了车，我仍继续看书。为了学习和创作，多少年来，我很少看电视，从来没进过舞厅，也很少去过歌厅，常常看书看到深夜。此时，邻居家的灯都熄灭了，只有我家的灯还亮着。

我还常常“读闲书”。我学的是行政管理专业，除此之外，我还读哲学、历史、经济学、逻辑学、美学等，但我更喜欢读文学，如《毛泽东诗词》《鲁迅全集》《简·爱》《巴黎圣母院》《少年维特之烦恼》，等等。

我不但喜欢读书，更酷爱写作。和许多年轻人一样，梦想得到缪斯女神的青睐，为我插上一双文学的翅膀，飞向那神圣的文学殿堂。

作为一个业余的文学爱好者，要想取得成功，勤奋练笔是必经之路。最开始时，我在书桌上铺上一沓稿纸，坐下来写东西，但费半天劲儿写出来的东西却显得苍白和幼稚，连我自己看了都不满意，我就一页页撕掉重写。有时候，我又为不知道写什么而烦恼，是罗丹的那句话——“生活中不是缺少美，而是缺少发现”，启发了我，让我把目光投向自己最熟悉的人和事，在不被人注意的角落里去发现美的险峻奇根。

我还发现，多年的新闻采写和博览群书，为我的文学创作奠定了基石。我试着写了一篇散文《西林河畔创业歌》，投给《伊春日报》“向阳林”副刊，竟被发表了。我又再接再厉，写出了《小溪》《秋思》《鱼脊路》，也先后被《伊春日报》副刊采用了，让我初次尝到文学创作的乐趣。文学就像是一团火焰，驱除了我内心的失意和苦闷。我发现，文学才是我得以实现自身价值，施展才华的舞台。

然而，写作是需要足够勇气的，如此，我们才能不向世俗屈服。很多人认为，这年头讲究的是“务实”，就是想法子怎么赚钱，写作则是不务正业。他们还说：“年轻人，都啥年代了，还热爱文学，除非是大脑进水，精神上有毛病。”他们的言论，就像是一盆冷水泼向了我，浇得我浑身上下湿漉漉的，凉得透骨。尽管如此，我没有熄灭心中燃烧的文学之焰，而是更加执着地创作。

文学的道路布满了荆棘，异常难走。那么，我为什么还要选择文学呢？那是因为文学的大门永远是敞开的，凡是有志于从事这项事业的人都可以走进这扇门；文学又是平等的，无论你身份高低，还是贫穷富贵，它都一视同仁；更主要的是，文学让我加深了对人生和世界的认识、理解，文学已经成为我生命的一部分。

为了有更多的时间去读书、写作，我的家人默默地承担了大量的家务，尤其是得到父亲的鼓励和支持，因为父亲希望自己的儿子将来能有出息。每当在报刊上发表作品，我都先拿给父亲看，父亲感到十分的欣慰。

可是，不幸总是突如其来。2003 年 3 月 23 日，我心爱的、年仅 59 岁的父亲不幸病逝，我沉浸在无比哀痛之中。想起和父亲生活在一起的日子，眼泪就止不住地流。我饱含着感情，噙着眼泪，写下了《怀念父亲》这篇文章，发表在《黑龙江工人报》。为了慰藉父亲的亡灵，出书的想法也在我的心中酝酿着。后来，当工友们听说我打算写本书时，都视我为狂想，认为一个普通的工人，怎么可能出书当作家。

对于别人的不理解和刺耳的言论，我也曾感到极度的痛苦。但是，在我看来，没有什么可以阻挡我心中永远憧憬的那个瑰丽的文学梦！“是金子总会发光的。”我更信奉著名黑人领袖马丁·路德·金的一句名言：“这个世界上，没有人能够使你倒下，如果你自己的信念还站立的话。”

我孤独地跋涉在文学的荒漠之旅，不畏冷嘲热讽与飞沙走石；我像一位文学麦田的守望者，紧握着犁铧，虔诚地在太阳底下默默辛苦地劳作，任凭风吹日晒，汗湿衣背，也不放弃最初的梦想。

我的勤奋终于得到缪斯女神的青睐。几年下来，我在《黑龙江工人报》《黑龙江晨报》《新晚报》《伊春日报》等报刊发表《啼血杜鹃》《花谢留香》《过年》等几十篇作品。就在人们已经淡忘我的时候，《思想者》散文集终于出版了。我把别人认为的不可能变成了可能，把梦想变成了现实。那一年，我30岁。

《思想者》的出版，在社会上引起关注。我的事迹被伊春电视台拍摄了电视专题片《“钢花”作家》。该书还得到国内大家的认可和鼓励：著名学者、中国社会科学院研究生院文学系教授、博士生导师、中国散文学会会长林非，称该书写得有特点、有个性；世界诗人大会副主席、著名诗人雁翼，称该书是心灵肥沃土地长出的第一季庄稼，敬佩作者的意志，更敬佩作者心灵里“不长草”，才有这些收成。2006年，经黑龙江省作协五届五次主席团会议讨论，正式批准我成为黑龙江省作家协会会员。

我站在了一个更高的起点上开始了新的创作，还有了一个大胆的想法，我要乘着文学的翅膀去飞翔，把作品打出黑龙江，发向全国！然而，一般报刊社每天接收的来稿量数以百千封，对于一个生面孔来说，发稿难已成为不争的事实。但是，我毅然决定要向攻城堡那样，靠作品自身的质量“攻下”一个个陌生的报刊。

我大胆地尝试，满怀信心地往省外报刊投去大量的稿件。果不出所料，除了偶尔发表几篇，其余的都如泥牛入海，杳无音信。但我锲而不舍，屡败屡投，不言放弃。我一面投稿，一面总结经验，反思失败的原因，在作品的思想性、艺术性、可读性方面下工夫，力求文章适销对路。

《睡莲》是我创作的一篇力作，写的是科学家为了让沉睡千年的古莲子开花，做了一个试验：先是把未经任何处理的古莲子放在常温下的水池里，3 年的时间过去了，古莲子一点儿苏醒的迹象都没有；后来，当科学家将古莲子的一端用砂轮打磨一下，或是用小榔头敲击她，在不损伤胚根和胚芽的前提下，把她浸在水里，在适宜的温度下，3 天的时间，奇迹就发生了，这枚古莲子居然发芽了！再经过 3 年的培育，千年古莲终于开了花，绽放出生命的美丽。由此我感悟到："这世上有种人，像睡莲，顺境会使她的生命变得平庸，一辈子也不可能发芽，更不能让梦想开花；可是，当你用砂轮打磨她，或是用小榔头敲击她，终究会把她那颗沉睡的心唤醒，生命因此美丽和精彩！"该文在《太原日报》发表后，又被美国的《侨报》（2010 年 1 月 12 日）转载。

值得一提的是，2010 年 9 月 6 日，我写的散文《蜜蜂》终于发表在《人民日报》"大地副刊"上，又圆了我心中的一个梦。

从事文学创作至今，我已有《最美的手》《林都风情》《中国人的婚姻》等百万文字发表在国外的《侨报》（美国）、《千岛日报》（印度尼西亚），以及国内的《人民日报》《北京文学》《做人与处事》《辽宁青年》《思维与智慧》等多个省份的上百家正规报刊上。那一年，我 35 岁。

最后，我想告诉大家：人生际遇就像随风飘落的树种，有的落在平坦肥沃的泥土里，有的不幸落在险崖绝壁的古缝中，谁也无法选择。然而，我们却可以选择坚韧、勤奋、自强，为了梦想顽强地与命运抗争，就像"犟松"一样，硬是在石缝中立壁斜出，劲枝擎天，长成一道让人惊羡的奇绝瑰丽的风景。

打扫心宅

某人整日忙忙碌碌，闷闷不乐，觉得生活沉重，嚷着心累，生了烦恼，不得解脱，就外出云游。走了很远，累了，就倚在一棵菩提树下，愈发觉得活得没意思，在那儿长吁短叹。

这时，佛祖打那儿经过。那人虔诚地向佛祖求教，述说了自己的烦恼。

“阿弥陀佛，”佛祖双手合十道，“烦恼即菩提。人的心就好比一座大宅子，里面装满了许多东西：柴米油盐酱醋茶，喜怒哀惧爱恶欲。比如说亲情、友情、爱情、名誉、金钱、地位、妄想、分别、执著、贪婪、嫉妒、憎恨，甚至还有眼泪。如果你放的东西越多，宅子里堆的就越满，那么你住在这样的宅子里就会不得自由，烦恼不断；反之，如果你经常打扫，把宅子里堆放的东西和落满的灰尘全都清除干净，还它本来无一物的原貌，那么，你还会心累吗？”

那人听了以后心无挂碍，逍遥自在，后来也成了得道之人。

500 年过去了，有一位年轻的读书人因烦恼也来到了这棵菩提树下，已经得道的那个人恰巧经过这里，就把秘密告诉了他。从此，这个秘密不胫而走。

诗意的追求

在当下这个浮躁的社会里，许多人急欲追求物质的满足，而忽视了心灵的存在和需要。

或许是因为社会的节奏太快、生存的竞争压力太大的缘故吧，人们为了生活四处奔波劳碌，麻木地让金钱牵着鼻子走，内心的空虚是不言而喻的。平日里，人们谈论最多的就是一个“钱”字，满嘴的铜臭味，已经变得庸俗不堪，毫无灵性和生趣。很显然，这样的人活着，似乎只是为了物质的追求。

著名作家王小波曾说：“一个人只拥有此生此世是不够的，他还应该拥有一个诗意的世界。”在这里，他说的“诗意的世界”，我们可以理解为与物质完全无关的精神生活的空间。诚然，人活着离不开物质的保障，但是，这并不是说，人只为物质而活着，除此之外，人也应该有精神的追求，比如信仰、真理、美德，以及文学、绘画、书法、音乐等艺术，这些都是“诗意世界”的一部分。

这些年，我们致力于发展经济，努力改善人们的生活，是件好事，无可厚非。可是，倘若我们仅仅把物质作为追求的目标，而不重视道德和文化建设，引导人们构筑精神的家园，则是大错特错的。美国第一任总统华盛顿如是说：“我打仗，是为了让我儿子搞经济，我儿子搞经济，是为了让我孙子搞艺术。”这话说得再明白不过了，人家无论是打仗还是搞经济，最终的目的绝不是为了物质的享受，而是诗意的追求。

然而，有的人好逸恶劳，贪图享乐，挖空心思追求身外之物，只为了吃喝玩乐活着，以为这样就是幸福。伟大的科学家爱因斯坦对此发出了异样的声音：“我从来不把安逸和快乐看做是生活目的本身——这种伦理基础，我叫它猪栏的理想。”可见，爱因斯坦鄙视那种以追求财产、虚荣、奢侈生活为目标的庸俗的人，他的言论醍醐灌顶，使世人深受启发。

人不能成为金钱的奴隶或是经济的动物，也不能像猪那样吃饱了就睡，还以为很快乐。人在解决了吃饭问题以后，应该有更高层次的需要，即诗意的追求，在真善美的意境中实现人应有的价值。

出身与前途

“如果一个人的出身不好，那他就不会有什么前途了。”有的青年如是说。

难道真是这样的吗？

这让我想起丹麦著名作家安徒生写的一个童话：说是有一个非常有钱的商人，他有一个小女儿。一次，小女儿召集名人的孩子们在她的小客厅里举行座谈会。有一位侯爷的女儿对伙伴们说，如果一个人的出身不好，就什么成就也不会有。她们的谈话被站在小客厅外的一个穷孩子听见了，心中非常难过，因为他的出身非常微贱，按照那个贵族女孩的话说，他是没有什么前途的。不过，他仍有自己的想法，他认为，既然自己来到这个世界上，就应该努力去生活。许多年过去了，当年那个在门外没有资格进入小客厅的穷孩子，已经成了一位伟大的艺术家，他的名字叫多瓦尔生。

不仅出身不好的人可以成为艺术家，还能成为大科学家，富兰克林就是一例。富兰克林没有上过几年学，12 岁就到他哥哥的印刷厂当学徒工。学徒 5 年间，他如饥似渴地阅读了大量书籍，晚上用功到深夜，学到了许多知识。由于他边努力工作边发奋自学，终于成为近代电子学的奠基人。

不仅出身不好的人可以成为科学家，还能成为伟人。林肯诞生在美国肯塔基州诺林河畔一个农民家庭。因为家里贫困，他曾当过伐木工人、石匠和店员。尽管如此，但他始终没有放弃心中的梦想：努力使自己成为一个值得同胞们尊敬的人。他进入政界以后，第一次参加伊利诺伊州议员竞选活动时说："我出身卑贱，没有有钱有势的亲友支持。"就是这样的出身，不但没有影响他的前途，反而更加激励他刻苦顽强地学习，克服重重困难，不屈不挠地迈向自己的伟大目标，终于成为美国人民心中公认的杰出领袖。

事实胜于雄辩。一个人的出身并不能决定他的前途。诚然，我们的家庭出身不是我们所能选择的，就像我们不能选择自己的父母一样。但是，这并不能说明我们将来无所成就。除了出身，我们还可以选择勤奋、坚忍，等等。总之，一个人只要不泯灭心中的希望，向着梦想奔跑，历尽艰难险阻之后，终有一天，梦想会成真。

庄子也有精神胜利法

好读《庄子》，每每读之，总有一种莫名的感觉萦绕在心头，后来，这种感觉渐渐地清晰，我终于发现隐藏在庄子骨子里的秘密，那就是他也有精神胜利法，而且已经达到了炉火纯青、登峰造极的境界，堪称是古今第一人。

于是，有的读者不免要问："你说这话可有根据?"为了让读者信服，我们首先弄明白一个概念，什么叫"精神胜利法"。对于我们的思维来说，只有明确概念的内涵和外延，我们才能进行判断和推理。这个概念一些词典里并没有一个明确的解释，也可以说没有相关的记载。不过，我们还是可以意会的，还是可以找到线索的。

"精神胜利法"这个提法来源于鲁迅的《阿Q正传》："阿Q想在心里的，后来每每说出来，所以凡有和阿Q玩笑的人们，几乎全知道他有这一种精神上的胜利法。"简而言之，就是我们所说的"精神胜利法"。为了准确地掌握这个概念，我们还得从阿Q说起，看看精神胜利法在阿Q身上是如何体现的，我们才能给这个概念下定义，用以判断庄子是否也有精神胜利法。

我们知道，阿Q是一个"三无"者：无姓，无家，无职业，穷得几乎要穿不上裤子。可是，他是怎么想的呢?"我们先前——比你阔得多啦!"他也不把赵太爷、钱太爷的两个儿子放在眼里，他想："我的儿子会阔得多啦!"当闲人们笑他头皮上长了"癞疮疤"时，阿Q也会想出报复的话来："你还不配……"这时候，又仿佛在他头上的是一种高尚的光荣的癞疮疤，并非平常的癞疮疤了。每当阿Q与人家打架吃亏时，他心里想："我总算被儿子打了，现在的世界真不像样……"于是也心满意足地得胜地走了。当他被王胡和钱太爷的大儿子打了以后，又会即刻忘却，使这一件祖传的宝贝也发生了效力。以致后来阿Q被人抓走要去杀头时，他就想："过了二十年又是一个……"似乎觉得人生天地间大约本来就要杀头的。虽然阿Q在现实中是一个失败者，但是，正因为他身上有一种用以自慰的精神上的胜利法，所以他在精神上永远不会失败，也就意味着他永远是得胜的。

通过以上分析，我们可以给"精神胜利法"这个概念下个这样的定义：是以假想、自欺、自嘲、自解、忘却等诸如此类的表现形式来求得精神上虚妄的胜利的一种自我安慰的方法。

那么，庄子身上到底有没有这个概念所表述的特征呢？也就是说，如果我们证得庄子身上有这一概念的本质属性，那么就可以推断出庄子也有精神胜利法是一个真命题。

我们知道，庄子一生贫困，住在陋巷的破房子里，靠编草鞋度日。那么，庄子是怎么看待自己的贫困的呢？他在《山木》篇讲了一个故事：庄子穿着补丁的粗布衣裳，理正腰带，系好鞋子，去见魏王。魏王说："先生为什么这样困顿啊？"困顿一词本义就有生计或境遇艰难窘迫，穷困潦倒之意，可是庄子却不这么认为，他自我解释说："这是贫穷而不是困顿啊！读书人有道德理想而不能实行，这才是困顿。"

庄子虽有大智慧，但在现实中却不能施展抱负，一生都不得志，可谓是百无一用。那么，他对此是怎么想的呢？他认为无用即是大用。他举《人间世》中的栎树为例说：栎树之所以能长得"其大蔽数千牛"全在于无用，否则，它早就被人们砍掉了。"此木以不材得终其天年。"这也就暗示着庄子本人正是因为"无所可用"或"无人理睬"才能全生保身。

庄子除了以隐喻的自解进行自我安慰以外，他还自欺，认为金钱、名位都是不好的，甚至是害人的东西。这就类似于吃不到葡萄说葡萄酸。他举例说："伯夷死名于首阳之下，盗跖死利于东陵之上。二人者，所死不同，其于残生伤性均也。"庄子眼中的名就像《秋水》篇里提到的梁国相位，在他看来，就像猫头鹰找到的一个腐烂的老鼠。庄子眼中的利就像《列御寇》篇里宁人曹商得到的车子，"破痈溃痤者得车一乘，舐痔者得车五乘，所治愈下，得车愈多。"他还认为，做官的结局和牺牛一样，虽被好好地喂养了数年，而且身披彩缎，但最终免不了被送入太庙作祭祀的供品。庄子虽然抱有此种心态，得到精神上暂时的安慰，但仍不能获得精神上永远的解脱和胜利，于是，他又想到了其他的方法，比如说忘却，即忘名、忘利、忘我。

庄子在《大宗师》中把这种方法叫做“坐忘”，也就是“堕肢体，黜聪明，离形去知，同于大通”，并主张“外天下、外物、外生”，即遗忘了天下，遗忘了物，遗忘了生命。他在《至乐》中举过一个简单的例子：鞋小挤脚痛，你可以不去计较，假如你连脚的存在也都忘了，那么鞋子再小也就无所谓了。这就是“忘足，履之适也。”庄子正是用这种妙法战胜了现实的种种不如意，赢得了精神上的胜利。

庄子生逢乱世，对险恶的社会环境有深刻的洞察力。他一方面对社会现实及统治者深感不满，对此进行尖锐地批判和沉痛地抗议；但另一方面又无力改变现实，还处处受到限制，无所作为，于是庄子不得不采取消极避世的生活方式，在求生保身的同时，追求一种至高的境界：“独于天地精神往来，而不敖倪于万物，不遣是非，以与世俗处。”那么，庄子是如何实现精神上的超越呢？庄子在《齐物论》中说：“从前自己做梦，梦到自己是一只翩翩蝴蝶，但究竟是自己做梦化为蝴蝶了呢，还是蝴蝶梦化为自己了呢？这是不清楚的。”我们可以想象一下：庄子一遇到不如意或限制时就会做梦化蝶，这是他的绝活，一般人做不到。庄子正是以虚幻的假想获得了精神上的绝对真自由和胜利。

由此可见，庄子的身上具备精神胜利法所表述的特征，所以庄子也有精神胜利法，而且达到了出神入化的境界。他的这一妙法和阿Q相比在本质上没有什么不同，只不过庄子的精神胜利法是一种自觉的行为，是在理论的指导下运用的，而这一理论的创立者正是2000多年前的庄子本人。

作文与做菜

作者写文章与厨师做菜，二者看似风马牛不相及，但是，倘若细究起来，就会发现，作文与做菜有许多相似之处。

厨师做菜，讲究形、色、香、味俱全。形，即菜的外部形态，要美观漂亮；色，即菜的色彩，要鲜艳、润泽；香，即菜的气味，要香气诱人；味，即菜的味道，要入口鲜美，口齿留香。一道菜，倘若具备了这四个特点，食客就会满意，也说明了厨师的厨艺达到了一定的水平。

作者所作之“文”，即作者写的文章，也要像菜一样，必须具备形、色、香、味这四个特点。它的“形”，指文序完整、严谨、和谐、自然，要像菜的外观一样美；它的“色”，指文色，无论是用字，还是遣词、造句，都要呈现出一种特殊的色泽，或绚烂，或平淡，要像菜那样富有色彩；它的“香”，指文章的气味，小说有小说的气味，诗歌有诗歌的气味，散文有散文的气味，杂文有杂文的气味，不论作什么文，都要像菜那样，各有不同的气味，而且还要香气扑鼻，倘若作成“八股文”，散发出来的只能是腐朽之气，臭不可闻；它的“味”，乃作文关键之所在，要像菜那样入口留香，叫人难忘。对食客来说，即便菜的形、色、香做得再好，假若味道不合口，食客也还是不满意。而对读者来说，文章的形、色、香都只是形式，他们要品的是文章的“味道”。我们试想，一篇文章，满纸陈言，如同嚼蜡，有何味道？所以，高明的作者，所写的文章，就是要让读者感到“余香满口”，经得起咀嚼，方见作者功力。

我们还注意到，同样是做一道菜，一个厨师一个味儿，没有相同的。作者作文也是如此。同样是《咏梅》，毛泽东写的与陆游写的迥然不同，这是为什么呢？主要取决于作者的作文风格。那么，风格又是什么呢？简单来说，就是文章的独特风貌。作品与作者又是不可分割的，你是怎样的人，就会写出怎样的作品。李白的文章飘逸、杜甫的文章沉郁、韩愈的文章如大海、柳宗元的文章像山泉、欧阳修的文章似波澜、苏轼的文章若潮水，大抵是因为作者的性情不同使然。正因如此，我们才得以在众多的文章中，分辨出这些文章出自何人之手。所以，越是高明的作者，所作之文就越有自己的风格，而风格的最终形成，则是作者作文成熟的标志。

你用什么证明自己

赛跑运动员用速度证明自己，登山运动员用高度证明自己，举重运动员用力量证明自己，我的朋友，你用什么证明自己？

工人用产品证明自己，农民用收成证明自己，商人用利润证明自己，我的朋友，你用什么证明自己？

作家用作品证明自己，歌唱家用歌声证明自己，思想家用思想证明自己，我的朋友，你用什么证明自己？

当你“呱呱”坠地，当你蹒跚学步，当你踏上人生之旅，当你大声地向世界呼喊我来了，我的朋友，这声音只能证明你的存在而已，却无法证明你的价值。要知道，人生的意义和价值不是说出来的，而是做出来的，是你自己赋予的，生命的画笔就握在你自己的手中！

当有人轻蔑、怀疑、误解、嘲讽，甚至是压制你的时候，我的朋友，你会怎么对待所发生的一切呢？是否也曾像我一样有过痛楚、失意和彷徨？

记得那时候的我才20岁出头，是一个文学爱好者，常常利用工余时间看书。下了班回到家里，拿起笔写下稚嫩的文字，也曾试着往报刊投稿，结果招来别人异样的目光，有人还嘲讽我说：“就你也想搞文学？别做白日梦了！还是醒醒吧，务点正业。”听了这番话，我心里难过极了，觉得自己受到了伤害，可就是弄不明白自己到底做错了什么，他们这样对待我，难道只因为我身份卑微吗？

有一次，我去某报社送稿，还虚心地向一位很有名气的编辑老师请教，可是她却当着我的面把稿子丢在一边，认为没有看的价值和必要，这让我无地自容。我当时什么话也没说，沉默是金，因为我知道，光凭嘴说是没有用的，对于一个写作者来说，作品就是最好的证明，事实胜于雄辩。于是，我心里暗下决心，一定要争口气，发奋努力，写出像样的作品来。天道酬勤。十多年后，我不但出版了散文集《思想者》，出版了近30万字的民族性研究性著作《中国人的另一面》，我就是用文字来证明自己的。

那么，朋友，你用什么证明自己呢？

来者犹可追

一位和我年龄相仿的青年人找到我，深有感触地说："过完这个年我都31岁了，看着同龄人学有所成，深感自己和人家相比差了一大截，虚度光阴，追悔莫及，现在想学已经太晚了。"

我对他说，怎么能这么想呢？学习——永远不晚。师旷曾说，少年好学，如太阳初升，中年好学，如烈日当空；老年好学，就像夜晚点上明亮的蜡烛走路。况且你才31岁，正是好时候。古人云"来者犹可追"，只要你从现在开始立志苦学，奋力追赶，长此下去，就有希望赶上最先，超过最先。

当然，由于自然规律，随着一个人年龄的增长，记忆力逐渐减退，成家以后，家务事又多，自学确实有难处。但是，一个人要想学有所成，这点困难又算得了什么呢？事实上，有些最先者，他们原本是最后者，正是由于他们不耻最后，虚心好学，奋起直追，克服了一个又一个困难，才成为最先者。

闻道有先后，来者犹可追。先跑的未必就能最先到达终点，后跑的未必就不能赶上最先者。先和后是相对的，在一定条件下是可以转化的，如果先跑的骄傲了，不思进取，就会变成最后；如果后跑的朝着既定的目标，锲而不舍地追赶，就有希望成为最先。

装扮心灵

美应该是由内而外的，内在的美决定了我们对一个人的理性评价。一个人单有外表的美还不够，只有先把内心装扮美了，她看上去才会更加动人。

假使某个女人有羞花之容、闭月之貌，但她爱慕虚荣、好逸恶劳、言语粗俗，或是心肠狠毒如蛇蝎，这样的女人谁会说她美呢？

可是，有这样一个女人，虽然貌不出众，抑或是丑陋残疾，但她温柔贤惠，又有几分才气，心地善良像天使，那么，谁又会承认她不美呢？

记住，最能打动人心的不是外在的美，而是内在的美，即心灵的美。

一个人如果外表不够漂亮，可以靠内在的美去弥补；倘若内心丑陋，外表无论怎样装扮，都不能使她变美。

现实中有很多人热衷追求外表的美。男人喜欢用名牌服装、腰带、鞋子，还有贵重饰品来装扮自己，以为这样就很“酷”；女人最爱浓妆艳抹、穿貂戴钻，还把大量的时间和金钱花费在丰胸、美腿、瘦身上，用心良苦地把自己装扮成“花瓶”，以为这样就很美。这些人只因为注重外表而忽视了心灵，以致言语无味、俗不可耐、面目可憎。

然而，这世上也有一种人，他们不太看重外在的东西，也从来不用华丽的装束和贵重的饰品装扮自己，他们追求的是内心的充盈和美好，因此，他们选择了用美德、礼仪和学识来装扮心灵，这让他们的灵魂变得高贵，受到人们的尊重；又学会如何说话和做人，言谈举止优雅得体、不卑不亢有涵养，还“腹有诗书气自华”，整个人的精神气质都大不一样，内美溢外。

那么，你用什么来装扮自己呢，我的朋友？

找寻幸福

山村里有个小男孩叫阿杜。一次，他偶然听到一个传说："神中之神把一样最宝贵的东西藏在了人间，如果谁能幸运地找到它，谁就会得到幸福……"

小阿杜听了以后心想："这是什么东西呀？它究竟在哪儿?"他很想找到它，因为他渴望成为一个幸福的人。

小阿杜问天天不语，问地地不应，也问了很多人，可是没有人知道答案。大人们告诉他，你要找的这东西太神奇、太珍贵了，只有幸福的人才知道它藏在哪儿，而他们都认为自己是天底下最不幸的人。

可是，小阿杜并没有灰心，他坚信，总有一天他会找到传说中的那个东西，这成了他儿时的一个梦。

许多年过去了，小阿杜长成了一个英俊的小伙子，他没有忘记心中的梦想，于是，背起行囊，走在寻梦的路上。

在路上，他看到一个老乞丐没有东西吃，怪可怜的，他就把随身携带的干粮分给他一些。阿杜心里很高兴，因为他觉得帮助别人是一件快乐的事情。

他继续赶路。途中，他看见一个小男孩蹲在地上哭得很伤心，嘴里不停地说："我要找妈妈"。阿杜走上前去，就问那个小男孩，为什么哭得这么伤心，小男孩告诉阿杜，妈妈去买东西了，街上人很多，不小心和妈妈走散了，他找不到妈妈了，所以才哭。阿杜听了以后心想，小男孩的妈妈现在一定很着急，他要帮助小男孩把妈妈找到。最后，在走散的地点，小男孩终于见到了妈妈，妈妈抱着那个小男孩哭得泪流满面。看到他们母子团聚的情形，阿杜也高兴得眼角闪着泪花。

阿杜来到一个陌生的城市，在那里他找到一份送外卖的工作。一次，在送外卖的途中，阿杜从广播里听到一条紧急求助的消息，说是有一个患白血病的女孩正在医院抢救，因血库告急，急需好心人为她捐血。阿杜毫不犹豫地赶到这家医院。经化验，他的血型与患者的血型相匹配，可以献血，他就伸出胳膊，让大夫抽他的血。最后，这个女孩得救了。可是，阿杜却因为耽误了给顾客送外卖时间，被饭店的老板扣了工钱，但他并没把这事儿放在心上，因为他认为自己做得对。

阿杜为人善良、厚道、做事勤快，深得饭店里老厨师的喜爱，老厨师就让饭店老板把阿杜留在他身边当学徒工，还把厨艺传授给他。3年的时间很快过去了，阿杜的手艺也学成了。老厨师有个独生女，已到了谈婚论嫁的年龄。老厨师心想，自己的年纪也大了，得招个上门女婿，往后也好有个依靠。他思来想去，觉得阿杜不错，有意把他招进门来，但是担心阿杜不愿意。一天，老厨师把阿杜约到家中，和阿杜谈了自己的想法，想征求他的意见。阿杜喜出望外，一口就答应了，乐得合不上嘴。就这样，阿杜成为了老厨师家的上门女婿。后来，老厨师把多年的积蓄交给了阿杜，让他也开个饭店。在阿杜的经营下，饭店的生意十分红火。阿杜自从有了钱，经常救济穷人，帮助那些需要救助的人。也有不少人说他傻，但阿杜听了以后总是憨笑地说："做人还是傻点好。"

……

若干年之后的一天，阳光明媚，已是白发的老阿杜正在院子里给孙子讲他小时候听到的一个古老的传说："神中之神把一样最宝贵的东西藏在了人间，如果谁有幸找到它，谁就能得到幸福……"

"是什么宝贝那么神奇啊？"小孙子天真地问爷爷，"你找到它了吗？"

"孩子，那东西叫做'爱'，"爷爷告诉他，"我找寻了很久，历尽艰辛却发现，原来爱就在我们每个人的心里，只要心中有爱，就能得到快乐和幸福"。

“丑小鸭”的美丽心愿

我有一个美丽的心愿，梦想有一天，我和母亲也能走上荧屏，亲身体验一下当“明星”的感觉。

在一般人看来，对于像我们这样的普通百姓家庭来说，想上电视那简直是异想天开、痴人说梦。那么，“丑小鸭”的我为什么会有这种想法呢？说起这事儿，还得从许多年前的一次经历说起。

有一天晚上，我和母亲一起坐在电视机前看电视。那是中央电视台教育频道播放的一部反映母爱题材的电视专题片。片中讲述了一个真实的故事，说的是在某个偏远的山村，有一位母亲，她的双腿自膝盖以下瘫痪了，只能在膝盖上捆绑上胶皮跪着“行走”。为了供孩子上学，她竟然像正常人一样每天在稻田里干活，要知道她可是个残疾人啊，为此她要克服多少困难、付出怎样的艰辛啊！那情景实在太感人了，不由让人对这位平凡而又伟大的母亲肃然起敬！当记者采访这位母亲时，她说她就想争口气，让亲戚和村里人看看，像她这样的家庭也能培养出一名大学生……

此时，我注意到，母亲看电视正入迷，啧啧称赞片中的主人公，眼里流露出羡慕的目光。这时，我对母亲说，等将来有一天你也能像那位母亲一样上回电视。母亲不信，以为我只是随便说说，诧异地看着我，好像这种好事儿从来也不会降临在她身上，就没把我说的话放在心上。

可是，母亲不知道，我说这话是认真的。我曾告诉自己，母亲养我不容易，我不能给母亲太多的物质享受，可是如果有一天我能成为一位作家，就能让母亲荣耀。虽然她现在是个扫大街的，但是即使她走在大街上，人们也不敢小看她，还会羡慕地说：“瞧，这是作家的母亲！”如果是这样的话，那么我想，让母亲上荧屏的心愿兴许就能实现。

为了这个美丽心愿，我潜心投入到我热爱的文学创作中。此前，我曾被《黑龙江工人报》聘为通讯员，在基层业余从事新闻写作近十年，稿件经常见诸报端，多次受到有关部门的表彰。文学则是我心中的一个梦，是我难以割舍的情结。每当我坐在书桌前，摊开一沓雪白的稿纸，就有文字从我的心底顺着笔尖流淌出来，泻在纸上，散发着墨香。文学让我变得坚强，让我从容地面对生活，迎接所有的不幸，它就像一盏明灯，照亮了我的人生，让我看到了希望。

写作是需要足够勇气的，才能不向世俗屈服，承受别人的不理解甚至嘲弄。很多人往往认为，工人就是做工，写作则是不务正业。他们会说，年轻人，都啥年代了，还热爱文学，除非是精神有毛病。他们的言论，就像一把锋利的尖刀，刺得我心好痛，我知道说什么都是没有用的，我唯一能做的就是要用行动证明给世俗的人们：丑小鸭是怎样变成白天鹅的！

我孤独地跋涉在文学的旅途上，在书的海洋里汲取营养，以此来增长知识，开阔视野，丰富底蕴，锤炼思想。读书为我的写作插上了一双翅膀，使我能够飞得更高、更远。

写作是需要时间的，而我在炼钢厂工作，长年倒班，时间有限，为此我放弃了休息时间，没有像工友们那样下班回家就睡觉，而是继续我的创作，时间就这样像海绵里的水，被我一点一滴地挤出来。值得一提的是我的母亲，自父亲病逝后，为了不影响我的学习和写作，默默地承担了大量繁重的家务，使我有更多的精力投入到文学创作中。

写作是一项艰苦的创造性的劳动，并非总是一帆风顺的，我也曾经为不知道写什么而陷入沉思。我想，美是无处不在的，只要心中有美，你才能发现美。于是，我用思想者的视角从丰富多彩的生活中去寻找美的源泉，从人们司空见惯的事物中去挖掘美的险峻奇伟，然后用简约质朴的文字形象地表现美，使其富有思想和深义。后来，我创作的《罩松》《啼血杜鹃》《花谢留香》《母亲的手》《问路》等作品陆续发表在省市级报刊上，内心的喜悦就像农民收获了庄稼一般高兴。

功夫不负苦心人，我的汗水没有白流，中国文联出版社正式出版了我创作的散文集《思想者》，引起文坛及社会的关注。伊春电视台《林城纪事》栏目组专程来采访我，摄制了一期电视专题片，片中当然有我母亲的一段镜头。节目在全市播出的当晚，坐在电视机前的母亲看到自己真的出现在荧屏上，那一刻，母亲的眼睛湿润了……

人这一辈子

著名的小品《不差钱》里面有句台词是这样说的："人这一辈子其实可短暂了，有时一想跟睡觉是一样一样的，眼睛一闭一睁，一天过去了，眼睛一闭不睁，这辈子过去了。"观众们看过也笑过，那么，到底会有多少人思考过这句台词的涵义呢？

人这一辈子时间有多长？这可不好说。对于个体而言，一辈子就是指人从出生那天开始到生命结束这段时间，或者说是人的一生。因为人的寿命不一样，有的活过百岁，有的刚出生就夭折了，所以人这一辈子的长短很不确定，也无法预测，当然也就不太好说了。但人这一辈子真的很短暂，就像白驹过隙，转眼间我们从黑发人变成了白发人。曹操也曾对人生发出感叹，他在《短歌行》中写道："对酒当歌，人生几何？譬如朝露，去日苦多。"人这一辈子，就像早晨的露水，很快就蒸发了，能不短暂吗？我仿佛听到哲人的声音，他告诉我，生命只有一次，我们要倍加珍惜；生命的意义不在于长短，重要的是活得有价值，而这种价值并非是用金钱来衡量的，也并非是从社会上获取来的，生命的价值取决于你对社会、对人民的贡献，你付出的越多，那么你获得的生命的价值就越大。

人这一辈子可真不一样。风风光光是一辈子，窝窝囊囊也是一辈子；家财万贯是一辈子，穷困潦倒也是一辈子；开开心心是一辈子，郁郁寡欢也是一辈子；安逸舒心是一辈子，奔波操劳也是一辈子；幸福如意是一辈子，不幸失意也是一辈子。总之，人这一辈子就像同一树上的两片叶子，找不到相同的。我们常说，人各有命，不能强求。同样都是一辈子，做人的差距咋就这样大呢？这就是命啊！就好像树上开的花，一同开放，随风飘散，有的落在席子上，有的掉在尿屎中，所以，有的人这辈子就富贵，有的人这辈子就贫贱，就像我们的家庭或是我们的父母，都是无法选择的。虽然如此，但是我们还可以选择奋斗，因为命运是可以改变的，或者说，命运就掌握在我们自己手中。只有选择奋斗，命运才会发生转机，人这一辈子只要奋斗过，无论成功或是失败，都是无悔的人生！

人这一辈子可真不容易。人自打从娘胎出来，“哇”地一声哭着坠地，象征着苦海无边的开始，哭的谐音就是苦。有人不明白，问有何苦，这或许是人出生时谁也不记得的缘故吧。我们可以看一下新出生的婴儿，凡事依赖父母，不得自在，饥渴寒热病痛也无法告诉大人，唯有“哇哇”大哭，可见他所受必苦。人老了，眼睛也花了，耳朵也聋了，腿脚也不利索了，走路颤颤巍巍，生活也难自理，吃喝拉撒又像小孩一样需要人照顾，所受之苦又不好对人讲，或者说是有苦难言，这是老苦。再说病苦，大家都有过切身的体验，哪怕是个小小的牙痛，疼起来真要命。我见过一位患癌症的病人，打针打得血管都是针眼，到后来几乎就没处下针了，化疗化得头发都快掉光了，痛苦难忍，生不如死，这是病苦。所谓的死苦并非是指死后所受之苦，主要是指奄奄一息的人，即将面临死亡的事实所产生的恐惧给内心带来的感受。我曾见过将死之人在那“倒气”，就是快要停止呼吸了，有一口气咽不下，费劲地反复喘气，其苦不堪设想。人之所以都怕死，就是因为死是万分痛苦的，尤其是给活着的人带来的恐惧远远超过了死亡本身。人这辈子所受之苦实在太多了，我就不必多说了。

当我们明白了人生的真相以后，我们就会忽有所悟：人生如幻亦如梦，来也空空，去也空空，即使有家财万贯，也带不走一分；即使有广厦千间，眠也不过八尺，“小匣子”才是我们永久的家。既然人生苦短，烦恼不断，我们就应该学会放下，以出世的精神入世，无论贫穷富贵，对世事都要始终保持一颗平常心，快乐地活着才是我们这辈子永远的追求。

耐得寂寞见繁华

“你认为怎样才能成为作家?”这个问题已经不止一次听到过了，在我看来，若想当个作家，不仅需要广博的知识、丰富的阅历、敏锐的观察力、创造性的思维，再加上1%的天赋和99%的勤奋，但是我想，除此之外，还必须耐得住寂寞。

贾平凹说：“孤独是文学的价值，寂寞是作文的一条途径。”选择了文学这条路的人，一路上只能与寂寞为伴，如同行走在荒凉的沙漠，经年累月地跋涉，在外人看来，或许很枯燥，也难以理解，简直无法忍受。

文学是孤独的事业，不像其他事业热闹。中国有句古话，“板凳须坐十年冷，文章不写一句空”，这是作文的一条经验，也道出了作文的凄苦。一个人若想写出点儿真东西，在文学事业上能有所成就，非得沉下心来不可，耐得住寂寞才行。

文学又是愚人的事业，“聪明的人”与文学无缘。在这个浮躁的社会里，世俗的人都把那些琢磨怎么当官、挣钱的人称之为“聪明人”，而视从事文学的人为“傻子”，一个人如果不有点儿“愚”，是断然不会选择文学的。

当然，也有不甘心当“傻子”的写作者，他们把文学当做“敲门砖”，起初也能静下心来写作，待有了点儿成绩就以此为跳板，弃文从政，走上了仕途之路，再也不能像从前那样点灯熬夜、忍受寂寞去写作了，那看似很轻的笔，仿佛变重了，怎么也拿不起来。

还有一种为“面包”而写作的人，这种人用不了多久，他的才华也会因此窒息殆尽。我们可以想象一下，虽然他坐在冷板凳上写东西，可是他的脑子里却想着别人正在那儿赚大钱发财，不能静下心来创作。任何刚劲伟大的作品，绝不会从一支唯利是图的笔下产生出来，这应是对写作者的一个忠告。

“写作，在最成功的时候，是一种孤寂的生涯”，海明威深有体悟地说。虽然海明威一直以“硬汉”著称，在他的笔下也塑造了不少刚毅不屈、视死如归的典型，在他看来，“一个人并不是生来要给打败的，你尽可以把他消灭掉，但他的精神是不可战胜的”，尽管如此，他的内心是孤独的，他的性格决定了他的爱好乃至爱情都是孤独的。正是因为他能长期耐得住寂寞，才写出了《老人与海》这部杰作，获得了诺贝尔文学奖。

耐得寂寞见繁华。写作是这样，其实，任何成功的背后莫不如此。一个人应该以静修身，以淡泊明志，以火一样的热忱执著地专注自己的事业，才能在人生的路上穿越荒凉，看见繁华的风景。

只要在一起

在公园的椅子上坐着一位年逾花甲的老婆婆，她眼神呆滞，长吁短叹，像有心事似的，孤零零地坐在那里。原来，不久前，她的老伴突然不幸病逝了。回想起和老伴相处的日子，她就伤心欲绝，不仅没享着福，还常吵闹，真是不是怨家不聚头啊。她觉得这辈子活得太不如意了，她想不明白，怎样才算是幸福。

这时，有位母亲领着一个可爱的好像只有5岁大的小男孩在公园里溜达，恰巧从老婆婆身边经过，老婆婆不经意听到母子俩的谈话：

“妈妈，幸福是什么呀？”

“幸福？这个问题很深奥，每个人的价值观不同，对幸福的理解也不同，就连大人们也说不清，你这么小怎么想起问这个呢？”

“噢，是这样，昨天我看动画片，里面的小动物说，只要在一起就是幸福，是吗，妈妈？”

老婆婆听了以后，似乎明白了什么。“只要在一起就是幸福”，她嘴里念叨着。

是啊，人世间的事儿大凡如此，人活着的时候，有些东西拥有时往往不懂得珍惜，一旦失去了才知道珍贵，悔之晚矣。其实，那些所谓的名利富贵皆是过眼烟云，两个人只要在一起，比什么都重要。细想想，这难道不是对幸福的一种最简单而又最深刻的诠释吗?!

知足常乐

多年以前，有户姓叶的人家从农村搬到我家附近，他家靠收破烂为生。大伙称这家男主人为“老叶”。

每天早上，我常看到蓬头垢面、衣着褴褛的老叶，乐呵呵地骑着一辆破三轮车，收破烂去了。虽然他不富裕，为了生计四处奔波，但我却常听到老叶收破烂时高兴地哼着歌，这歌声是从他的心底发出来的，看着他那无忧无虑、快快乐乐的样子，我常常发出这样的感叹：穷人有穷人的快乐，为什么世上有那么多富人却抱怨说日子过得不舒心呢?

我曾看过一项社会调查，结果显示：从事脑力劳动的高收入者对生活的满意状态反而不如从事体力劳动的低收入者，究其原因，是前者欲望高，不知足，而后者欲望低，易满足，欲望高者往往因不能实现其需要而徒增挫折感，怎么能快乐起来呢?

有一天，我遇见老叶，问：“你为何总是乐呵呵的没有烦恼呀?”

老叶说：“钱挣多少是多呀？够花就得呗，知足常乐嘛……”

是啊，知足常乐。“知足者日日神仙，不知足日日苦海。”老叶的话虽然简单，却一语道破快乐的秘密。

知足常乐，这是最朴素的道理，但世人却参悟不透。

正如英国作家毛姆说：“知足则贫贱亦乐，不知足则富贵亦忧。”

当我再次听到老叶的歌声时，我找到了人活着怎么才能快乐的答案。

顽强的生命不言败

人是哭着来到世界上的，但这并不意味着就能笑着成长。在生命漫长的跋涉中，难免跌跌绊绊，有多少凄风冷雨、飞沙走石，就有多少痛楚和泪水，需要我们顽强地面对，绝不向命运屈服！

我赞美过小草的品格。那是被命运无情地抛弃在阴暗角落里的小草，只因为它不听从命运的摆布，命运便将一块大石头重重地压在它的身上。尽管这样，看似柔弱的小草也从未泯灭心中的梦想，顽强地与命运抗争，最终长出了一片绿色。

我歌颂过犟松的精神。在我的笔下，我写过一粒松树的种子，不幸飘落在悬崖峭壁的石缝中，而有的树种却幸运地落在了平坦肥沃的土壤里，这都是命运地安排。石缝中的这粒树种在险恶的环境下，因缺水少光，生长十分缓慢，纤细柔弱的样子，明显刻着先天不足的烙印，而它的同伴们却长得健壮、挺拔。但是，它并没有怨天尤人，也没有自暴自弃，它太犟了，怎么也不肯向命运低头，“不让我生偏要生，一旦生出笑天风”。转眼已是百年。山里来了一群游客，惊奇地发现了这棵长在石缝中的松树——它只有碗口一般粗，立壁斜出，形成一道奇绝瑰丽的风景，不禁让游客对它这种顽强的精神而感动和叹喟！

由此，我感悟到，顽强的生命不言败。在人的一生中，或许有一种叫命运的东西无形地左右着我们生命的轨迹，这里面就有人的因素。与命斗其乐无穷，与人斗其乐无穷，只有弱者才会被打败，而真正的强者即便一次次地被打倒，仍能顽强地站起来，就像日本动画片里的圣斗士星矢那样，面对强大的敌人，哪怕它们是神，也无所畏惧，从不放弃，将内心的“小宇宙”燃烧到极限，不惜一切代价也要打败对手，直到胜利！一个人倘若有了这种顽强的精神，那么，在与命运的博弈中，也能创造生命的奇迹，成为自己命运的主宰！

为别人鼓掌

在人生的舞台上，每个人都渴望听到掌声，那是发自心底的爱的声音，足以让我们心潮澎湃，禁不住流泪。

当别人表演得精彩时，你真心地为他鼓掌，这是对他最好的认可和赞许；当别人表演得糟糕时，你也不妨为他送些掌声，这是对他最好的关怀和鼓励。

能为别人鼓掌的人，正是因为心底有阳光，当他将掌声慷慨地送给别人的时候，就像把金色的阳光播撒在他们的心间，自己也收获着快乐。

只有自私和嫉妒的人，才会吝惜掌声，不肯为别人鼓掌，久而久之，他的心灵也会被翳障所蒙蔽。

为别人鼓掌，在他们成功亦或是失败之时。成功者需要掌声，这种肯定的声音将给予他们信心，鼓励他们“百尺竿头，更进一步”；失败者更需要掌声，这种宽容的声音将给予他们勇气，激励他们跌倒了再站起来，奋力向前。

然而，人们都习惯把鲜花和掌声送给胜利者，而对失败者抱以冷眼，不能善待和理解他们，更不愿为他们鼓掌；或是看到别人的成功，心里就不是滋味，妒火中烧，心生怨恨，倘若看到失败者，不仅冷嘲热讽、嗤之以鼻，有的人还可能隔岸观火、落井下石。

总之，无论是对待成功者还是失败者，我们都应持有平和的心态，为他们鼓掌加油。这反映了一个人的胸襟，也是做人应有的一种境界。

灵芝扇

相传华夏有仙草，名灵芝，长于深山老林，世间稀少，不易被人发现。

家有灵芝，因其形硕大如扇，故名“灵芝扇”。

十年前的一次机缘，我有幸得到了这枚木灵芝。灵芝在手，如同手执一把宝扇，与普通扇子的不同之处在于：它不仅具有药用功效，更具有观赏价值，俨然是一件绝妙天成的艺术品，所以视为宝。

细端量，它像一柄展开的扇子，绛紫色的环纹扇面带有光泽，扇柄像涂了一层油漆，拿在手里有种滑滑的感觉。但是，它也有一处瑕疵，在扇的背面，有一条斑痕，也许是在生长的过程中遭遇到意外的挫伤留下的。

记得当初我把野灵芝带回家时曾示与众人，众人不但不能识，反而妄下雌黄，混淆是非，让人有口难辩，气愤难平，我为他们的浅薄而感到悲哀。

《增广贤文》有云：“蒿草之下或有兰香。”对于那些自以为是的人来说，即使仙草摆在他们面前，也会孰视无睹或是不辨真伪，只有贤德之人才能得到。这难道不值得人们深思吗？

思想者的梦想

人是宇宙的精灵，也是地球上唯一能仰望广袤神秘的星空发出由衷赞叹的生灵。其实，人与动物的本质区别不只是人能制造和使用工具，人还有思想。思想是人脑的机能，是意识的产物，是人的特有属性。我们可以说人是有思想的，但不能说动物也有思想。从某种意义上说，思想不仅改变了人本身，还改变了这个世界。

所谓思想者，从广义上说就是有思想的人。但这里所指的思想者不是那种为了一己之私或为了某些集团利益而思想的人，而是指那些为了“大我”而狂想不止的智者，是描绘美好未来的梦想家，是引导人们实践梦想，推动人类历史进程的思想家。他们可能是哲学家、科学家、政治家、经济家或是艺术家，但他们的共同之处首先是一个思想者。在人类的历史上，涌现出许许多多思想巨人，如苏格拉底、柏拉图、亚里士多德、哥白尼、伽利略、牛顿、爱因斯坦、达尔文、尼采……是他们改变了这个世界，使人类从愚昧一步步走向文明，他们是思想者中的杰出代表，是真正的思想者！

那么，思想有何意义呢？人是实践着的人，实践产生思想，思想指导实践，从这个意义上说，是思想指导人们改变了客观世界。譬如说，人类最早的发明是钻木取火。这个“钻木”就是思想，而“火”则是思想的产物。火的取得和利用，标志着人类文明的开始。

纵观人类的历史，实质就是一部思想史。从石器、铁器到电子计算机、宇宙飞船及所有先进的科技产品，无一不是思想的结晶。不仅如此，就连政治制度、经济形态、意识形态、文化艺术、宗教信仰等无一不是思想者梦想的产物，没有这些智者的奇思妙想，人类社会就不会有今天这样千姿百态的面貌。

思想者的梦想并不全是空中楼阁，每一座现实的建筑物，在一开始都是空中楼阁，都必须先在精神中被创造出来，就像建筑师在砖瓦未运来之前，必须在头脑中设计出建筑的图纸，而思想者在头脑中却描绘出人类社会的宏伟蓝图，再经过一代又一代思想者不断地加以完善，并引导人们把梦想付诸实践。可以说，思想者是人类社会的总设计师，今天的世界从某种意义上说就是思想者们想象出来的产物。

说到底，思想者究竟是怎样的人呢？

他们也许出身卑微，衣不蔽体，食不果腹，物质极度匮乏，但他们的精神却富可敌国。譬如2000多年前的古希腊大哲学家苏格拉底。石匠出身的他常打赤脚，穿着破旧的长袍和披风，整日游荡在雅典的大街小巷，逢人便宣讲他的人生观，向人们灌输他的思想及智慧。虽然他一生一贫如洗，但他却是全雅典人公认的最富有的人！

他们是理想主义者，一生都在狂想着、描绘着、追逐着人类美好的世界。譬如苏格拉底的学生柏拉图所撰写的《理想国》一书，是人类有史以来第一个伟大的梦想。该书为人们构想了一个充满真善美的理想社会，并为后世统治者提供了一个如何治国的美好蓝图。

他们是叛逆者，他们掌握了真理，他们的言论曾被人们视为异端邪说，然而历史用事实证明，他们的言论是正确的。像哥白尼就是这样一位执著追求真理，敢于超越前人的思想者之一。古罗马天文学家托勒密曾系统地提出地球中心说，认为宇宙的中心是地球，包括太阳在内的一切天体都围绕地球运转。而波兰天文学家哥白尼却发出了不同的声音，提出了“太阳中心说”，只因这一观点不符合当时教会的利益而遭到教会的迫害致死。历史是公正的，哥白尼的学说被后来的科学家论证是正确的，也再次证明，真理只掌握在少数人手中。

他们中的许多人曾被视为天资平庸，甚至是“低能儿”，但由于他们长期沉溺于想象的世界中，以及自身潜能的发挥，最终成为某一领域中的佼佼者，从而推进了人类文明的进程。爱因斯坦就是这样的典范。据说，爱因斯坦3岁时连话都不会讲，上小学时老师认为他“智力不佳、反应迟钝”，被称为笨头笨脑的孩子，他首次报考工科大学时也名落孙山。就是这样资质的爱因斯坦，最终以超越常人的思维冲破常规，创立了相对论，世界的面貌也为之一变，为人类留下不朽的贡献。

他们服膺于天性的引导，沉浸于对某一领域的浓厚兴趣，再加上他们火一样的热情和执著的探索精神，因而独具慧眼。这种情况就发生在达尔文身上。达尔文出生在英国一个医学世家，他从小就对昆虫学和植物学感兴趣。少年时他常常对学校的生活感到乏味厌倦，埋头于自己的各种小实验，为此老师和同学们都说他不务正业，对他的行为表示失望。达尔文对此不屑一顾，仍陷入到对昆虫和植物的狂想之中，以至于达尔文后来写出一部惊世骇俗之作——《物种起源》。该书不仅阐述了“物竞天择、适者生存”的思想，还揭开了人类起源的神秘面纱，他本人也成为进化论的创始人。

他们中的一些人为了人类崇高的理想而辛勤劳作，正是他们的勤奋，才使他们成为天才。马克思就是这样的天才人物之一。他曾在不列颠博物图书馆里读过约1500种书籍，做笔记达25年之久。他花了将近40年的时间，终于写出了《资本论》，他还为人类构想出美好的共产主义理想社会。马克思的贡献对人类来说，具有划时代的意义。正如恩格斯所说：“天才就是勤奋。”马克思就是个最伟大的例证！

他们也许相貌丑陋，以至于孤独终身，但他们正是在忍受常人无法忍受的寂寞和痛苦中丰富了思想，然后用艺术的方式表达出来，让人们感受到了震撼心灵的美。如伟大的德国音乐家贝多芬，长得短小而臃肿，左边的下巴有个深陷的窝，使他那张土红色宽大的脸显得古怪而不对称，丑得简直无法形容。然而，就是这样一个其貌不扬的人，却创作出《命运》《英雄》等诸多思想深刻、震撼人心的作品。但是有谁会想到，只因他贫困和丑陋，竟没有一个女人愿意嫁给这位音乐天才。看来，思想者总是孤独的！

总之，思想者就是这样一些特立独行的、不被常人和当时世界所理解的“另类”，他们发表与传统思想或观念背道而驰的言论，往往被视为离经叛道者，即使遭到谩骂、嘲笑或是批判，他们也还是保持着沉思。他们之所以甘愿过着清苦的生活，是因为他们把所有的精力都投入到他们为之狂想和奋斗的事业中，而没有时间对那些身外之物产生兴趣，他们高举理想主义大旗，以蔑视权贵、追求真理、为最广大人民谋求幸福为目标，无时无刻不在思想着……

思想者是社会的良知，是人类的财富，是文明的向导。如果没有一代又一代思想者的沉思默想，就没有今天绚烂多彩的世界，也不会有人类美好的明天。

让心里贮满阳光

在网上，我巧遇一位云南女孩，她网名叫“阳光”，很喜欢读书，后来还在当当网买了我的书——《中国人的另一面》，就这样她成了我的读者和朋友。

通过网上聊天，她给我的印象就像她的网名一样，是一个性格开朗、心地善良、乐天知命的阳光女孩。

我了解到，她芳龄30岁了，还没有结婚，就问她：“咋成剩女了，还在等什么?”

她告诉我，她是虔诚的佛的信徒，一心想修成善果，还没考虑个人问题。她在QQ上发来哈哈大笑的表情图片，一副不知愁的样子，我都替她父母着急。

说起爱好，她的话开始多了起来。她喜欢漫步在书的世界里，每天早晨都要诵读，是她多年的一个习惯；她喜欢喝茶，还说茶能让心如莲绽放，她在品茗的同时也在茶道中品禅；她还喜欢古寺的清幽和木鱼的歌声，这让她如痴如醉。

我问她，“你闲暇之余都在忙儿啥呀?”

“传播正能量，”她说，“给别人快乐，自己也快乐。”

“那你都传播啥内容啊?”

于是她就给我发来一段文字，“每日一阳光：感恩每一天的生活，感恩所遇到的每一个人，他们都是我们的善知识。无论顺境还是逆境，他们都是给予我们成长的空间和机会，让自己的人生一路洒满阳光!”

我注意到，她经常在一些QQ群里发布“每日一阳光”。这些帖子的内容都是她本性的流露，看了她的文字，我想每个人都会感到暖暖的，从中受到启迪。

有一天，她上网说找我有事，让我帮她看看她写的一封《向贫困学生捐助的倡议书》。原来，“阳光”积极参加了当地一个叫“义工联合会”的组织，每到双休日，她就到那里去做义工，协助该组织办传统文化讲座，倡导学生诵读《弟子规》，传播孝道文化。这次，“阳光”写的倡议书就是为该组织正在开展的一项慈善活动而准备的。

看了倡议书，我才了解到，云南还有一些地处偏远的山区，因交通不便，信息闭塞，耕地面积较少，经济发展滞后，导致那里的居民生活十分贫困，很多孩子上不起学，面临着辍学务农的困境。

为此，该组织向社会各界爱心人士发出倡议，希望为贫困山区的学校和孩子募集一些善款，或是书籍、学习用具、衣物等，为山区的贫困学生送去爱心，让他们同样能享有受教育的权利。

我深深地被“阳光”和他们的义工组织的义举而感动了，当即决定以文化助贫的慈善方式，为那里的孩子捐出自己的著作20册。我知道自己的力量微不足道，但是我相信，只要人人都献出一点儿爱心，就能汇聚起磅礴的爱的力量，为山区贫困的孩子撑起一片蓝天，让他们放飞梦想。

罗曼·罗兰说：“要散布阳光到别人心里，先得自己心里有阳光。”那么，就让我们每个人的心里贮满阳光，在给予别人阳光，为他们送去爱、温暖和希望的同时，我们自己也收获了人生最大的快乐！

每天进步一点点

如果梦想是在那高高的顶峰，请记得每天进步一点点，终会有一览众山小之时。

如果梦想是在那长长的远方，请记得每天进步一点点，终会有抵达目的地的那一天。

人比山高，脚比路长。只要每天进步一点点，无论多高的山也能跨越，无论多远的路也能走完，即便梦想比山高、比路长，我们也能用脚步去丈量。

一点点，微不足道，如同细流之于江海，可是，江海却因细流而成其大。

一点点，微乎其微，如同细土之于高山，可是，高山却因细土而成其峰。

请别小觑了一点点，这里面蕴含了深刻的哲理——没有量的积累，就不能达到质的飞跃，人生亦是如此。

天下难事，必作于易；天下大事，必作于细。有多少梦想，最初的时候看似遥不可及，只要每天进步一点点，在不知不觉中坚持到最后，不都梦想成真了吗？

可是，很多人未能真正明了此中的真义。譬如学习，有的人资质虽然聪慧，学得快，就不屑于这一点点的进展，总想如骏马一般，一跃十步，却不能持久，最终学而无成；有的人资质虽然愚笨，学得慢，但他能每天进步一点点，锲而不舍，久而久之，学有所成。

正如一位哲人所说：“每一天的努力，即使只是取得一点儿小进步，只要持之以恒，都将成为明日成功的积淀。所有一点一滴的耕耘，在时光的沙漏里滴逝后，萃取的都是让众人羡慕的成功之果。

所以，在通往梦想的道路上，只有那些每天进步一点点的人，才能走进梦想的殿堂！

第六章

修炼情商
成就梦想

人际关系“五字”真诀

每个人或许都曾有过这样的遭遇，人际关系搞得不好，而陷入纠结的烦恼中，还无形中给自己设置了前进的阻碍。

有位著名女作家，曾经获得过“鲁迅文学奖”，在她获奖的这部“自传”中，她向读者讲述了一段她早年的真实经历。那时候，她不知道什么原因，使她和领导的关系闹得很僵。领导对她说：“你一个‘小学生’还想当作家呀？我告诉你，你一年发一两篇文章露露脸就行了！从今往后，你就死了当作家的心吧，老老实实当好你的编辑就不错了！”此后，她经常遭到领导的刁难，甚至她的信件都被领导用大头针挑开，看完后用糨糊重新粘好再交给她……

可想而知，这位女作家在那个特定的年代，因为与领导的关系不融洽而吃了不少苦头。后来她才渐渐明白，并非她不好好干工作，或是得罪过这个领导，而是她的个性与客观环境发生了冲突。在别人眼里她是“小学生”，可她偏偏一心要当作家，而且发表了不少文章，这难免使有些人心里不舒服、不服气，于是就想动用权力来压制她，可她又偏偏不服管，所以关系就越搞越僵。

其实，类似的遭遇何止她一人啊！有多少才能超群的人，因为不注意和周边的人，尤其是和上司搞好关系，而不被赏识和重用，处境愈加艰难，无理由的刁难、非议和排挤，也就不足为怪了。

我们一定要吸取前人的经验教训，这对人生是大有裨益的。我们要想在社会上立足，并且在事业上有所发展，首先应该对这个社会有一个深刻的认识。中国的社会自古以来就是一个讲究关系的社会，你不可能改变这个事实，只能去适应它，才能生存。此外，还应该对人性有所了解，人是有社会属性的，脱离不了人际关系，所以，处理得当，你就能顺风顺水，处理不当，你就会处处碰壁。在这里，我们不是教你做“交际花”“万金油”“老油条”，而是让你正确看待人际关系，知道它的重要性，在做人与处事方面，要能方能圆，既讲原则性，又讲灵活性，才能使你的人际关系和谐，幸福、快乐和成功才会降临在你头上。

在实践中，人际关系有多种，很复杂，但有五种关系：“家庭、朋友、上级、同事、下级”，需要妥善处理。具体来说，就是针对这五种关系，分别采取“和、信、忠、谦、敬”五字真诀来应对。

搞好家庭关系，用“和”。俗话说，“家和万事兴”。成功的人士，家里一般比较和睦。家庭关系的好坏，关系着一个人事业的成败。而“和”就是要求我们，要像“春风解冻”似的，和气处理家庭成员内部的关系。如家人犯了错误，不应向他发怒施威，更不要轻视和放弃，需委婉、巧妙地相劝，循序渐进地耐心地开导，使他醒悟。

搞好朋友关系，用“信”。自古道：“人无信不立。”曾子曰，“吾日三省吾身”，其中就有，“与朋友交而不信乎?”而所谓的信，就是说到做到，能够履行诺言。和朋友交往，答应人家的事情，就应该努力做到，倘若失信于人，时间长了，朋友就不会再信任你了，而一个诚信度不高的人，没有人会愿意和他做朋友。

搞好领导关系，用“忠”。所谓的忠，即指为人谋而无二心，尽其能，任其事。作为下属，要忠诚于领导，这并不是单纯指服从、听话，而是说，对于领导交办的事情，要尽职尽责地完成。在职场中，只有做到“忠”，才能有提升的机会。倘若你给领导留下了不忠的坏印象，那么，领导就不可能把你放在一个重要的职位上，这是做下属的“大忌”。

搞好同事关系，用“谦”。谦即指不自满、不自高自大，亦有忍让的意思。与同事交往，要懂得谦虚，而不要过多地炫耀自己的才华，否则容易遭到嫉妒和排挤；与同事交往，凡事须忍让三分，有了成绩不居功，有了名利不自贪，也要让给别人一些。一个人如果做到了“谦”，那么，同事就愿意接受并认可他，而这个人一旦得到同事的支持，就能顺利地开展工作，获得成功。

搞好下属关系，用“敬”。获得下属的拥护，是事业的基石。古语云：“水能载舟，亦能覆舟。”当领导的，不能高高在上，摆出一副官架子，那样就会让下属敬而远之。人不怕威而怕敬，领导对下属尊敬，反而让下属心悦诚服，这时候，领导在下属中就能树立起威信，不令而行，事业必兴！

凡事有度

中国人常说的一句话是“凡事有度”，意思是无论做什么事情都要把握一个分寸、尺度，不能超过一定的标准或界限。

然而，这个“度”又是不好把握的。我们常说做人难，其实难就难在这个“度”字。比方说，在单位里你干工作，是应该表现好一点呢，还是应该差一点呢？表现得太好则被视为出风头，经验告诉我们“枪打出头鸟”，“出头的椽子先烂”，恐怕不见得是件好事；表现得差一点则被视为不求上进，这也很危险，单位如果裁员，你就有可能被淘汰出局；假如你表现得不好不坏居中游，则被视为平庸，那么领导就不会注意到并且会赏识你，试问你还能被提拔吗？所以这个度很难把握，最好是世故一点，既要融于大众又要表现得出众，但不能太好。世故也有个度，做人一点不世故则被视为不通人情，在社会上吃不开；太世故了又被视为城府太深，是个“老油条”或是“老滑头”，招人厌恶，说出来也不好听。做人能不难吗？那么，这个度怎么把握呢？可以世故一点，但不能太世故了，这样最好。

凡事都有一个度。就拿谦虚来说吧，做人应不应该谦虚？在中国，自古以来谦虚就被视为一种美德，古人说，“谦受益，满招损”，当然应该谦虚了。但是，做人不能太谦虚了，你没听人说吗，谦虚太过就是虚伪，试问，谁愿意背上这个名声呢？太谦虚不行，不谦虚难道就行了吗？不谦虚人家会说你骄傲自满，狂妄自大，目中无人，后果可想而知。所以这个度最好是谦虚一点，不能不谦虚，但也不能太谦虚。

那么，做人应不应该聪明一些呢？这也有一个度。《三国演义》里的杨修就是太聪明了，结果招到曹操的忌恨，惹来杀身之祸，死得不明不白。前车之鉴，做人不能太聪明，于是有人就说了，你说太聪明不行，那么我不聪明总该行了吧？不聪明就是愚蠢的同义词，我们常开玩笑说，“猪是怎么死的？”答案谁都知道，“当然是蠢死的”。所以，做人最好是“大智若愚”，看似糊涂，愚笨，实则聪明，有大智慧。

做人是有用好呢还是无用好呢？《庄子·山木》篇中有这样一个故事：庄子行于山中，见大木，枝叶茂盛，伐木者止其旁而不取，问其故，曰：“无所可用。”庄子曰：“此木以不材得终其天年。”这就是庄子说的无用的好处，否则它早被人们砍掉了。那么做到无用就能像山中那棵大树一样全生保身吗？故事继续写道：夫子出于山，舍于故人之家，故人喜，命竖子杀雁而烹之。竖子请曰：“其一能鸣，其一不能鸣，请奚杀？”主人曰“杀不能鸣者。”明日，弟子问于庄子曰：“昨日山中之木，以不材得终其天年；今主人之雁，以不材死；先生将何处？”庄子笑曰：“周将处乎材不材之间。”意思是说处于有用与无用之间是最佳选择，这就是度。

从艺也是有度的，譬如说，从事书法或是绘画事业，无论是写还是画，太像是媚俗，不像是欺世，要想真正形成自己独特的风格，使艺术达到一定的境界，最好是在像与不像之间，要做到心中有古人，笔下无古人，超凡脱俗，才能自成高格。

与人交流尤其是和学者交谈，也有一个度。正如鲁迅先生所说：“对于他所讲，当装作偶有不懂之处。太不懂被看轻，太懂了被厌恶，偶有不懂之处，彼此最为合宜。”这个度把握得就很好。试想一下，假如你和某人交流，对方说啥你都懂，显得人家的智商比你低，岂不太伤自尊了？人家还能和你交流吗？假如人家和你说啥都不懂，简直是“对牛弹琴”，因为没有共同语言，人家还能和你交流什么？所以，完全都懂和完全不懂都不行，只有装作偶有不懂，对方才能保持谈话的热情与兴致，交流才能继续下去。

成熟与世故

成熟是瓜熟蒂落，味美醇正香甜；世故则是熟透了的瓜，或称为“娄瓜”，因变质而变了味，让人倒胃口。

有人往往把成熟与世故混淆起来，以为成熟就是世故，或世故就是成熟，其实二者是两个不同的概念，有着本质的差别。

我曾认识一个人，他工作能力一般，为人处世有三不，即不张扬，不得罪人，喜怒不形于色。但是，此人有特长，善于揣摩领导意图，并投其所好，深得领导的欢心。在领导的心目中，此人老实、听话、素质高，因此得到领导的器重，委以重任。我和这位领导很熟，有几次谈话，领导向我提起此人，啧啧称赞，说他既会说话又会办事，人际关系处理得一团和气，口碑极佳，领导还引用《红楼梦》里的一句话，“世事洞明皆学问，人情练达即文章”，以长辈的口吻教诲我在这方面多向此人学习，还说此人挺成熟的。

当时我就想，这叫什么成熟呢？领导所指的成熟不如说是世故。

世故者，人情练达，圆滑机巧，处世中庸，谨小慎微，其人少的是质朴豪爽，多的是矫情虚枉，浑身散发着腐朽之俗气。

成熟者，不怨天，不尤人，不为外物所动，不媚俗，不媚世，不人云亦云，做人堂堂正正，光明磊落，处世不卑不亢，淡定自若。

成熟不是世故。世故是一种变态，是一种很不好的处事态度，而成熟则是人修炼的结果，是一种人生独特的美。

在山泉水清，出山泉水浊。一个人涉世越深，那么受到世俗恶习的沾染越深，原本纯真的心也变了颜色，身陷世故之泥潭而不觉。只有那些抱朴守拙、心存素心之人，虽坠红尘之中，却不被世俗所染，故能保持其本色。成熟就是这清泉，明镜见底，世故则是出山的泉水，污浊不堪。

人可貌相

人是可以貌相的。

有这样一个故事：在很久以前，某国有个暴君，他贪恋女色，昏庸无道，因受妖女的蛊惑，想以莫须有的罪名除掉皇后。一天夜里，暴君派一将军率领一伙儿士兵前去后宫抓捕。皇后闻讯后，知道逃走已经来不及了，情急之下，不得不装扮成一个普通的宫女，隐藏在宫女们当中，想侥幸逃过此劫。将军和士兵们闯进后宫，里里外外翻了个遍也没见到皇后的人影。将军猜想一定是躲藏在宫女们当中了，就下令把宫中所有宫女都集中到一处挨个搜查。细心的将军发现，宫女们被吓得神情惊慌，其中只有一人面不改色，从容镇定，于是就吩咐士兵把她拽出来，说："你就是皇后！""你又没见过皇后，凭什么就认定我就是呢？"这名宫女问道。将军说："皇后乃是千金之躯，即便她穿着宫女的衣裳，装扮成宫女的模样，但内在的雍容气度又怎能掩藏呢？要知道，一般宫女是不具备这种气质的！"说完就派人把这个假冒宫女的皇后带走了。

这则故事难道不正说明了人是可以貌相的吗？

我曾经历过一件小事。一次出门，我认识一个绰号叫"小胖子"的打工仔，我见他长得脑袋大，脖子粗，判断他可能是个厨子，就问他以前是不是当过厨师。"啊？你是怎么知道的？"

他显得有些惊讶，好奇地问我。我一听就乐了，出于礼貌我没有回答他，但是"脑袋大，脖子粗，不是大款就是火夫"，这句话是赵本山在小品《卖拐》里说的，地球人都知道！

看来，人可貌相这句话是有一定道理的。一个人的相貌负载了太多的信息，从中我们可以了解到他的年龄、他的态度、他的性格、他的气质、他的健康、他的职业，甚至他的内心世界。

古语有云："人心之不同，各如其面。"又曰："有诸内，必形诸外。"相貌是父母给的，是天生的，对于一个刚出生的婴儿来说也许不错，但对于一个成年人来说恐怕就不完全正确，诚如美国总统林肯所说："一个人过了40岁，就该对己的脸孔负责。"这说明人的相貌在很大程度上是后天形成的，是一个人内心修为的结果，必然通过外在的表征显现出来，无不打上了其人过去历史的烙印。

譬如说，一个境遇坎坷者和一个少年得志者，脸的光彩度是不一样的；一个心善者和一个不仁者，眼睛的光波给人的感觉也大相径庭；精于一艺或是完成某种事业的人，他的容貌自然具有一般人所没有的某种气质；一个熟读大作家或大思想家书籍的人肯定有别于全然不看书的人，这种差别自然会体现在一个人的貌相上。

相由心生。相貌取决于内心的状况，是一个人思想气质等特征的外在表现。通过破译相貌所隐含的信息，就可以了解到人的贫富夭寿、穷通得失、善恶忠奸、贤愚曲直，以及婚姻的幸与不幸。

记住：人可貌相。

"菜根"与涉世

"菜根"指《菜根谭》。旧语有"布衣暖，菜根香，读书滋味长"三味之说，菜根为其中之一。嚼菜根滋味者，必是淡定执著、宠辱不惊之人；得菜根智慧者，必是涵养品德、大智大勇之士；践菜根真行者，必是金玉人品、济世经邦之才。

《菜根谭》是一部论述修养、人生、处世的语录体文集，共分前后两集、三百六十则。它以道德格言的形式，将儒、释、道三家精髓熔于一炉，娓娓道出中国式的待人处事之方和修身养性之学。积极进取的入世精神、福民治国的宏远志向、亲近自然的隐逸旨趣，既富于生活气息，又充满诗情画意。该书作者明代道人洪应明胸襟开阔，为后人所钦佩。他身为玄门清修的道士，却能摒除门户之见，将释、道、儒三家的思想融于一炉，著成《菜根谭》。

《菜根谭》为语录体，读之朗朗上口，其绝大多数人生感悟直到今天仍有指导为人处世的现实意义，这或许是它流传不衰的缘故吧。

闲暇之时，我常坐陋室，手捧“菜根”，反复咀嚼，回味悠长，就像生活中那些看似平淡无奇的道理，用心品味，就会发现这些道理质朴纯真，充满意味。每每吟诵《菜根谭》，就像和一位饱经沧桑、阅历丰厚的智者促膝交谈，常有“胜读十年书”之感。

“宠辱不惊，闲看庭前花开花落；去留无意，漫随天外云卷云舒”。在这里，没有战火烽烟、金戈铁马，也没有勾心斗角、巅峰对决，于平淡中看百态人生，在细微处尽显中国式人生智慧。

如何修身?《菜根谭》曰：“天薄我以福，吾厚吾德以迓之。天劳我以形，吾逸吾心以补之。天厄我以遇，吾享吾道以通之。天且奈我何哉?”意思是说，假如天不给我多少福分，我就加强我的德行来对待。假如天劳累我的身体，我就用逸养心境的方法加以补偿。假如天在我的际遇中设置了很多困苦，我就开拓出自己的道路闯过难关。那么天又能对我有什么办法呢？又说：“做人无甚高远事业，摆脱得俗情便入名流”；“做人要存一点素心”；“厚德载物，雅量容人”；“留正气给天地，遗清名于乾坤”；等等，这些精妙的做人之道，对修身来说都是大有裨益的。

如何涉世?《菜根谭》曰：“涉世浅，点染亦浅；历事深，机械亦深。故君子与其练达，不若朴鲁；与其曲谨，不若疏狂。”意思是说，一个人对社会生活的阅历越浅，他所受世俗恶习的沾染必然也越浅；一个人饱经了人世间的世态炎凉，他内心中的奸诈虚伪必然也越深。所以，作为一个德才兼备的君子，与其处事圆滑机敏，倒不如保持质朴爽快的天性；与其事事拘谨小心，倒不如狂放豪迈一些为好。书中还说道，“处事要道，不即不离”；“冷静观人，理智处世”；“君子居安思危，亦无用其技”。这些精妙的处世哲学，都有感而发，发人警醒。

说“忍”

《说文》：“忍，能也。”《广雅·释言》：“耐也。”老百姓通俗地说，忍是心字头上一把刀。

忍是一个人走向社会的一门必修课，只有学好它才能促使自己早日成熟，适应社会，求得发展；忍是一种谋略，教人以柔克刚，以静制动，以退为进，以屈求伸，以弱胜强；忍是磨炼一个人心性的砥石，受其磨炼则终生受益，不受其磨炼则身心俱损；忍是一个过程，一个“动心忍性，增益其所不能”的过程，也许这个过程很漫长，很痛苦，很无奈，但这正是通向成功和快乐的不二法门。

人在屋檐下，哪能不低头。我也曾经身处逆境，备受屈辱，那真是“龙困浅水遭虾戏，虎落平阳被犬欺”。为了摆脱困境，我曾向一位智者请教。智者说：“年轻人，别沉不住气，你要‘忍’啊。不知道你观察过没有，树上有一种毛毛虫，它每前进一步，总是先把身子弯曲一下，然后再伸一下。所以，有的时候大丈夫要能伸也能屈。”

正如孔子说：“尺蠖之屈，以求信也。”意思是说尺蠖这种动物将身体弯曲收缩成一个团，是为了求得进一步的伸张。

以人为喻，大丈夫要能容天下难容之物，忍天下难忍之事，能屈能伸，才能安身立命，百事可成。

古有韩信忍于胯下，卒受登坛之拜；张良忍于取履，终有封侯之荣；勾践忍于国耻，大败吴王阖闾；宁越忍于耕种，成了周威王之师；范仲淹忍于清淡，其名流芳百世……这难道不是最好的启迪吗？

人言无畏

人生在世，哪有人没遭遇过别人的是非言论呢？这是件很平常的事，也很难避免，因为舌头长在别人的嘴里，你能管得了吗？“木秀于林，风必摧之。”越是优秀的人，遭到的口舌越多，遇到的阻碍越大。假使一个人想有所作为，干出一番事业，那么，所谓的流言蜚语又算得了什么呢？

人生是美丽的，如夏花一般；人生又是短暂的，如朝露似的。人生的意义是什么？生命的过程不在于长短，而在于是否活得有价值，即便是一颗流星，也要为夜空留下最后一抹璀璨！“生当作人杰，死亦为鬼雄。”碌碌无为地活着，只能为人生留下叹息！每个人都有美好的梦想，既然如此，那么人言有何畏惧呢？

在追梦的旅途上，我们会遇到这样或那样的困难，面对种种流言蜚语，如果我们的意志不够坚强，信仰就会动摇，什么风都有可能把我们吹离正确的航道，我们将无所适从。

中国有一个古老的故事：父亲带着儿子和一头驴走在街上。父亲骑在驴上，儿子牵着它走。“可怜的孩子，”一位路人说道，“这个人怎么能心安理得地骑在驴背上？”父亲听到之后，就从驴背上下来让儿子坐上去。走了没多久，又有一位路人的声音传来：“多么不孝啊！可怜的老父亲却在一旁跟着跑。”小孩子听了之后连忙让父亲也坐到驴背上。这时，一位妇女看见了说：“谁见过这种事？这么残酷地对待动物，可怜的驴子，背都下陷了，而这个老家伙和他的儿子却很悠哉。”结果这父子俩只好从驴背上爬下来。他们徒步走了没多远，又一个陌生人笑着说：“瞧这俩人，多么愚蠢啊，放着好好的驴不骑，却用脚走路。”最后，人们看到有一对父子扛着一头驴从街上走过。

故事是生活的影子。现实中被人言所左右的大有人在，就像故事中的那俩父子。从中吸取的经验教训是：不畏人言，方能成功。

琴纳是英国的一名医师。在牧区召开的一个医学会议上，琴纳兴冲冲地向大家报告用牛痘接种可以使人免除天花的大胆设想。一听完琴纳的报告，会场马上像开了锅。有人说："琴纳先生认为人是从牛的身上传染牛痘，那他就把人当做下贱的牲口了。"有人说："什么种牛痘，这简直是亵渎神明！"还有人说："如果他继续在这方面进行研究，就应该把他开除出县医学会。"人言并没有使琴纳畏惧，世俗的偏见和恶意的攻击也无法阻挡他的研究。事实证明：正是由于他的发现，才拯救了无数人的生命，打开了免疫学的大门。

诚然，三人成虎，众口铄金，面对人言要有一个良好的心态，"是非终日有，不听自然无"，只要坚定自己的信念，就会获得成功，琴纳为我们树立了榜样。

最后，让我们记住但丁的一句名言："走自己的路，让别人说去吧！"人言无畏！

常怀感恩之心

人生立世，"感恩"二字。常怀感恩之心的人，就能得到众人的扶助，而感恩之心淡薄的人，亲友也会疏远他。

小草懂得感恩，它回报给大地母亲一片绿意。

绿叶懂得感恩，它忘不了对根的情意。

羔羊懂得感恩，它总是跪着吃羊妈妈的乳。

乌鸦懂得感恩，它用反哺这种方式来回报其母。

那么，作为万物之灵的人类，我们怎能不懂得感恩呢？

我们感谢父母的养育之恩。是父母给了我们生命，含辛茹苦地把我们拉扯大，教我们做人的道理。我们一定要孝养父母，这不仅是子女应尽的义务，也是中华民族的传统美德。

我们感谢老师的教育之恩。是老师向我们传播道理，教授课业，解答疑惑。我们要尊重老师，无论什么时候也不能忘记老师的恩情。

我们感谢贵人的知遇之恩。是他们赏识、推荐并提携我们，在我们处境艰难之时，能够雪中送炭，施以援手。“吃水莫忘掘井人”，我们要懂得知恩图报的道理，莫做薄情寡义之人。

……

人生的路崎岖漫长，只有带着一颗感恩的心上路，才能走得畅达。

“一个篱笆三个桩，一个好汉三个帮。”大凡成功的人，无不心怀一颗感恩的心。因为，一个人的力量是有限的，只有大家的帮忙，才能成就一番事业。假如这个人知恩不报，甚至恩将仇报，那么他就会使自己陷入孤立无援的境地，众人也不会再出手相助，他的人生注定是要失败的。

感恩是做人的一门必修课，是爱、孝、道德的源头和基础，是人际关系的润滑剂。一个人只有懂得感恩，学会感恩，做人正确了，他的事业才能成功。对于一个涉世之初的年轻人来说，首要的问题不是急于学成某些过硬的本领，而是先学会感恩，学会怎么做人。本领可以慢慢学，但做人之事不可以懈怠，我们只有常怀感恩之心，并且身体力行，才能完善其身，正如古人说的那样：身修而后家齐，家齐而后国治，国治而后天下平。

有首老歌总是回响在耳畔：“感恩的心，感谢有你，伴我一生，让我有勇气做我自己；感恩的心，感谢命运，花开花落，我一样会珍惜。”是的，常怀感恩之心的人，一定能得到快乐和幸福！

真假朋友

母亲常对我和哥哥说：“朋友有真假，真朋友不能假交了，假朋友不能真交了。”

哥哥喜欢交朋好友，常把“朋友”挂在嘴边。哥哥交友分不清真假，曾吃过亏。

以前，他有个好哥们儿，是发小，俩人好得像一人儿似的。后来，朋友结婚了，自己开了家木制工艺品加工厂，因急需用钱，就找到哥哥。那时，哥哥所在的单位效益不好，手头拮据，但哥哥二话没说，把家里仅有的1000元钱借给了朋友。没曾想，朋友的厂子因经营不善亏损严重，他趁人不注意携款跑了，不知下落，哥哥后悔不已。每谈及此事儿，他总是哀叹道：这就是“朋友”。

那么，真朋友又是啥样的呢？

还是让我讲一个真实的故事吧。邻居家二叔是个残疾人，曾患有“小儿麻痹”，靠修表为生。二叔因两腿不能走路，每天用手摇着三轮车去上班。表店离家大约有500米，而通往表店的这条路坎坷不平，途中还要爬陡坡，很不好走。二叔为人和善，一些闲人喜欢到他的表店里聊天。十多年前，也是在表店，二叔结识了一位叫“贺三”的汉子，俩人成了好朋友。贺三为人憨厚、老实、心眼好，每天接送二叔上下班，十多年了，从未间断过。一天早上，和往常一样，二叔吃过饭在家里等贺三来接他。可是，干等也不见贺三的人影。就在这时，有人急匆匆地跑来告诉二叔，贺三出事啦！原来，贺三在来二叔家的路上，因心脏脱落突然猝死了！

讲到这儿，我感触万端：人的一生都会有许多朋友，真朋友假不了，假朋友真不了，是真是假，日久便知。假朋友如秋草，经霜后就残败了；真朋友如枫叶，经霜后会红于二月花。

高　手

如果你是一名棋类爱好者，如果你想迅速提高自己的棋艺，成为棋手中的高手，那么有一个最好的办法，就是找高手下棋。

如果找一个不如你或者和你差不多的人下棋，虽然你可能轻而易举地战胜对手，但对于提高你的棋艺来说却没有什么益处，不能使你有所进步。所以，最好找一个比你的棋艺高的人下棋。和高手对弈，你会找出自己的不足，通过学习对方的优点、长处，能取长补短，棋艺才能逐渐提高，总有一天，你也会成为棋手中的高手。

其实，交友也是一个道理。如果你想成为一个优秀的人，也就是所谓的“高手”，那么有一个最好的办法，就是要交一个各方面都强于自己的人，和这样的人交往，你会从中得到益处。

古人也有这个经验。宋代岭南的大学者何坦，写了《西畴常言》一书，他主张“交朋必择胜己者，讲贯切磋，益也”。这就是说，要欢迎朋友比自己强，这对自己有好处，因为可以向他学习，提高自己。

“近朱者赤，近墨者黑。”和优秀的人在一起，也就是和“高手”交朋友，他们的思想观念、言谈举止、气质性格、学识修养等会潜移默化地影响你，促使你在品德和学业上得到进步，从中受到熏陶。这样的朋友可以为师，通过虚心地学习人家的长处，弥补自己的短处，从而增长才干，开阔眼界，受益匪浅。交友千万不可交品学不如自己的人，一旦交到恶友就会影响自己的前途。正如周公说，不如我的人，我不与他们相处，因为他们会拖累我。所以，交友要谨慎。

下棋要找高手，交友要找高手，你就会成为高手。

看山与看人

公元1084年7月，宋代文学家苏轼上庐山游玩，在观赏奇妙壮丽的大自然景色中，忽有所悟，于是当西林寺和尚请他题诗留念时，他就即兴写下了“题西林壁”这首充满哲理的诗，其中两句这样写道：“横看成岭侧成峰，远近高低各不同”。同样一座山，由于诗人观察角度不同，而得到不同景象，这给我们许多启示。

由山及人，道理是一样的。看一个人有多种角度，有正面的、反面的、侧面的等。由于观察的角度不同，对同一个人就会有不同的评价。在现实生活中，常常能看到这样一些现象，有些领导者不能从正确的角度去看一个人，譬如说，以个人的喜好去看人，喜欢的就认为行，就重用，反之则认为不行，不予重用；以片面的眼光去看人，如一些人对某人有意见，就认为这个人群众关系不好，不予重用，结果埋没了人才；以求全责备的眼光去看一个人，只准人才有优点，不许有缺点；还有的领导者甚至用放大镜去看一个人的缺点、毛病，把它无限地扩大，其结果可想而知。能否从正确的角度去看一个人，则关系到人才能否被发现、重用，关系到事业的成败。

看一个人，首先要对人有一个正确的认识。人都有其优点和长处，也有其缺点和短处。人才更是这样，优点突出，缺点也突出，就好比是千里马，有的善负重、有体力，有的善跑远、有速度，但也有缺点，如吃得多，爱叫唤，对非好骑手来说，还难以驾驭，不如普通马好使唤。但是要知道，“良马难驭，然可任重道远，良才难令，然可致君见尊”。

林肯曾精辟地断言：“没有缺点的人往往优点也很少。”所以，对人要用辩证的、全面的、发展的眼光去看，要多角度、多层面地去看，不仅要看人的长处，也要看他的短处；不仅要看他擅长干什么，也要看他不擅长干什么，只有这样，才能做到扬长避短，知人善任。

婚姻，糊涂一点儿又何妨

有这样一个故事：有一对夫妇结婚已经 7 年了，俩人很恩爱，他们还有一个可爱的小女儿，也已经 6 岁了，这是一个让人羡慕的三口之家，他们过得很幸福。可是，自从家里买了一台电脑以后，她发现丈夫每天下了班就上网，像抽大烟似的成了瘾，而且在网上聊天有说有笑的，一下了网就像变了一个人，板着面孔，对她也不像从前那样嘘寒问暖了，甚至多说一句话都显得不耐烦，他们的婚姻亮起了红灯。莫非老公有了外遇？她一下子警觉起来。有一天，老公从网上下来说要出去一趟，因为走得匆忙，就忘记关聊天页面了。她趁机查看了他的聊天记录，让她大吃一惊，原来，老公在网上认识了一个网名叫“寂寞风情”的本市女子，她是一个白领，既年轻又漂亮，俩人有共同的兴趣和爱好，可谓是志同道合。看得出，那女子一直在爱恋着她的老公，还想和他天长地久，并约他今天非得见上一面。在聊天记录中，她查到了老公的留言，老公虽然喜欢这个女子，但老公说他已是有家室的人了，而且很爱这个原本幸福的家……

看完了俩人的聊天记录，她心里好生气愤，原来老公果真有了外遇，他今天出门就是为了解决这个问题。虽然老公的态度明朗，这让她很欣慰，但不知老公此去结果如何，她心里犯了寻思，等会儿老公回来是责问他把事情弄清楚呢，还是装作糊涂给他一次改正的机会呢？她觉得她和他从结婚到现在风风雨雨地一起走过了这么多年，她应该信任他，原谅他，于是，她选择了后者。

当老公回家推开房门的时候，她早已准备了一桌子他平时最爱吃的菜，像什么事都没有发生似的在家里等着他，一家三口其乐融融地围着桌子吃饭。后来，她发现老公几乎不上网聊天了，他们的婚姻仿佛又回到了从前。

故事里的女主人公无疑是聪明的，她选择“糊涂处之”的态度非常正确。假若她非要把真相弄得清楚明白，势必要发生不愉快的激烈争吵，结果非但不能解决问题，还可能把事情搞砸，闹得鸡飞蛋打，说不定他们的婚姻最后真的走到了尽头。其实，真正有智慧的聪明人往往看似有点儿糊涂，而真正愚笨糊涂的人反倒显得聪明。对于婚姻而言，糊涂有时就是聪明，就是智慧，就是谅解，就是包容，而幸福的婚姻需要这些，所以说，婚姻，糊涂一点儿又何妨！

嫁给谁？这是个问题

俗话说："女大不中留，早晚得嫁人。"假使上门求亲的有两种人，一种是有钱有势的"黄世仁"，一种是有情有义的"大春"，那么，对于待嫁的姑娘来说，是嫁给黄世仁呢，还是嫁给大春？这是个问题。

现在的女孩都想嫁个有钱人。而黄世仁财大气粗，自然成为择偶的首选对象。可是，他也有缺点，不仅为人心肠狠毒，还很花心，如果嫁给他真有点儿放心不下；大春固然仁义、善良、可爱，美中不足的是他的口袋空空，嫁给他只能受穷。对女孩来说，因为在黄世仁和大春之间很难选择嫁给谁，所以它才成为一个问题。

时下，在90后女孩中流行一种观点："嫁人就嫁黄世仁，黄世仁有钱；如果喜欢大春，就让大春做情人好了。"为解决"嫁给谁"这一问题提供了看似理想、折中的答案，也折射出她们这一代人的择偶标准和价值观。她们的主观愿望是："鱼和熊掌皆能兼得，金钱和爱情都想要。"可问题是，要嫁的只能是"黄世仁"或"大春"，任选其一都不能十全十美。怎么办？

自认"聪明"的女孩于是想出了"既嫁给黄世仁，又让大春当情人"这看似"美妙"的想法。像这种"天真"的想法，并非当代人才有，也不是什么奇谈怪论。其实，《幼学琼林》里有一个故事，说是在古代的齐国就有一个女子，两家来求亲，东家富而人丑，西家贫而人俊，父亲请女儿袒肩表示意愿，结果女儿袒左右肩——愿意在东家吃饭而在西家睡觉。这种荒唐的想法和有些90后女孩的观点是何其相似啊！

那么，在现实生活中，女孩们究竟能不能在嫁给黄世仁的同时，让大春做情人呢？对此问题，专家们给出了各自的答案。

哲学家说："任何婚姻都存在着矛盾，矛盾贯穿于婚姻的始终，并推动着婚姻的运动和发展。”

法学家说：“《婚姻法》规定，夫妻应当互相忠实，互相尊重，禁止有配偶者与他人同居。在本案中，女孩既然嫁给了黄世仁，就不应该找大春当情人，倘若因此离婚，作为无过错一方的黄世仁，可以请求赔偿。”

道德家说：“爱情是神圣的，来不得半点儿虚伪。男女双方都要忠守结婚时的誓言，‘执子之手，与子偕老’。女孩已是有夫之妇，倘若没有其他情况，就不应该移情别恋，找大春当情人，这是不道德的。”

文学家说：“婚姻像一只斑斓的鸟。如果在鸟的翅膀上系上黄金，它是飞不了多远的，婚姻也是这样的。”

……

依我说：“幸福的婚姻是正确选择的结果。当你选择了黄世仁，‘宁可坐着宝马车哭，也不愿坐着自行车笑’，酿下的苦酒只能自己慢慢地尝，这能怪罪谁呢？”

男人PK雄企鹅

如果让男人和雄企鹅举行一次PK大赛，比一比谁最有责任感，那么，最终谁会赢得这场比赛呢？是男人还是雄企鹅？就让我们拭目以待吧。

就拿生孩子来说吧，男人们对这件事的态度是怎样的呢？他们常说的一句话是：“生孩子是你们女人的事，与男人何干？”每每听到这话，女人们往往嗔怒地说：“你们这些臭男人，洒完种就不管了，太没责任感。”女人们的怪罪和不满不无道理。诚然，男人因为生理构造的原因不能代替女人怀孕、生孩子，这是客观原因，是可以理解的；而不能原谅的是男人对女人生孩子这件事的态度，男人们轻易地抛出“生孩子是你们女人的事，与男人何干”这句话，就是一种不负责任的态度，也是对女人的不理解。女人怀孕期间要承受强烈的妊娠反应，生产时还要经历难以想象的阵痛，以及面对不可预测的风险。有人把女人生孩子比作鬼门关，并非夸大其词，而这一切，男人们是无法体验到的，还认为女人生孩子天经地义，和他们无关，于是就把所有责任全推到了女人身上，这就是某些男人的表现。

接下来出场的是雄企鹅，我们看看它们的表现如何。

在冰天雪地、异常寒冷的南极，雄企鹅与雌企鹅排着浩浩荡荡的队伍，走了很远很远的路程，来到一处它们认为相对安全的地方，然后有选择地交配（一夫一妻），它们将在那里繁衍后代。3 个月后，母企鹅产下一枚蛋，就把它放在脚背上开始孵化。由于母企鹅体内能量耗尽，饥饿难忍，已经没有能力继续孵蛋了，就在这关键时刻，雄企鹅登场了，它像一个伟岸的大丈夫，毅然挑起了孵化后代的重任。雌企鹅则借此机会摇摇晃晃地下海吃鱼，补充体能。那么，雄企鹅是如何孵蛋的呢？只见它站在肆虐的暴风雨中一动不动，因为蛋就放在自己的脚背上，如果稍不注意，蛋就会掉在冰地上被磕破，所以，雄企鹅不得不小心翼翼地站在那里，不敢乱动。它们一站就是一个月，这期间不吃东西，渴了顶多吃口雪，有的雄企鹅坚持不住就饿死了，而那些没有倒下的雄企鹅最终把小企鹅孵了出来。雄企鹅并非孵完蛋就不管了，它还要冒着被海狮吃掉的危险下海捕鱼，然后走回来把吃到胃里的鱼吐出来喂给小企鹅，这一幕，真是太令人感动了。雄企鹅不愧是好丈夫，好父亲，它的责任感让人为之汗颜。

在这场男人与雄企鹅的 PK 赛中，雄企鹅以其良好的表现，最终胜出，成为赢家。

动物的爱情故事

有三个关于动物的爱情：

一则是关于壁虎的爱情。说是有个日本人，为装修屋子拆开了墙壁，这种墙壁是中间架了木板后，两边抹了泥土，里面是空的，当他拆开一看，发现一只壁虎困在那里。一根从外面钉到里面的钉子恰巧钉住了那只壁虎的尾巴，主人好奇地看了看那根钉子，显得很惊讶，因为那是10年前盖那栋房子时钉的。那主人暂时停止了工程，他想弄明白，一步也走不动的那只壁虎到底靠什么维持生命？过了不久，不知从哪儿又爬来一只壁虎，嘴里含着食物，原来，是它在10年里一直喂那只尾巴被钉住的壁虎！

二则是关于鸿雁的爱情。有一老者去河边稻田地里送粪时发现，有几只大雁正在田里觅食，他灵机一动，回家找出多年不用的捕雁翻板套子，下在稻田地里，然后又撒上些稻穗，果然逮住一只，回家途中，老者发现没被抓获的一只鸿雁总跟着他，在上空嘎嘎直叫，没完没了，撵也撵不走，叫声摧心剖肝，让人听了为之动容。老者的心终于被鸿雁的叫声打动了，就解开大雁的绳索，两只大雁盘旋在高空，嘎嘎地叫了两声飞走了。

三则是关于狼的爱情。在布朗山上，有只母狼被捕兽夹折断了前腿，在它鼓起的腹部，还怀着狼崽。此时，猎人们带着猎犬在后面追赶、围剿。母狼只得趴在公狼的背上逃跑。猎犬追了上来，和公狼展开了激烈的搏斗，雄壮矫健的公狼咬死了4只猎犬冲出包围。为了救援在厮杀中摔落的母狼，公狼又返回猎犬群冲杀，耳朵被猎犬齐根撕掉，血染全身，却奋不顾身冲向母狼的方向，母狼已无力爬上狼背，公狼为了掩护母狼，结果相拥着被猎犬咬死。

没想到，动物的爱情竟让人刻骨铭心、催人泪下。在这以前，世人只知道，忠贞不渝、生死相许、圣洁高尚的爱情只属于人类，却从不知道动物也会有爱情，而且就发生在我们身边。读着关于动物的爱情故事，我们在感到新奇和震撼的同时，不由感叹：人世间那些所谓的海枯石烂、地老天荒的爱情誓言有时脆弱得不堪一击，而动物的爱情远比世间传说或戏剧、小说里的爱情演绎得更精彩、真实。我们从动物的身上读懂了爱情，也加深了对爱情更深层次的理解。

学会沟通，婆媳关系更融洽

常常听到身边有的女同志抱怨说，平日里和婆婆很难相处；也常常发现在我们的周围，确实有不少家庭，婆媳关系面上看似和睦，实际上水火不容，闹得很紧张。

其实，婆媳不和在中国来说是一个普遍现象，它就像一个谜，从古至今很难解开。婆媳之间是一种很复杂的家庭关系，婆媳不和从小的方面讲会影响家庭的和谐，从大的方面说也影响到社会的和谐，因此，妥善地处理好婆媳关系不但有必要，而且很有意义。

细究起来，婆媳不和的原因固然很多，但是我们发现，婆媳之间缺乏有效的沟通，或者说沟通出现障碍，是导致婆媳不和的一个重要因素。那么，作为儿媳，应该如何学会沟通，使婆媳关系更加融洽呢？笔者认为，必须做到以下几点：

善于倾听。与婆婆相处，会说固然重要，但善于倾听，有时候则有异曲同工之妙。现实生活中有不少婆婆随着年岁的增长，养成了爱唠叨的习惯，心里有点儿事就装不下，总想找人发泄。这时候，作为儿媳切不可表现出一副不耐烦的样子，不爱听或听不进去，要知道，倾听也是一种表达孝心的方法，奉献的只不过是我们的一双耳朵，有何不可呢？

摆正位置。和婆婆说话，只有摆正自己的位置才不会发生角色的错乱。不论你在单位是领导或是老板，还是在家里管钱主内的，但在婆婆面前，你永远都是小辈，说话就要注意自己的身份，态度要真诚谦卑，语调要平和亲切，切不可居高临下，对婆婆发号施令，或是大声嚷嚷，言不得体，让老人难以接受，要知道，那是没有教养的一种表现。

求同存异。因为婆婆和你不是一代人，难免有代沟；又因婆婆与你在思想、文化、阅历、价值观、生活习俗和方式等诸多方面的不同，难免在与婆婆沟通交流的过程中存在较大的差异和分歧，倘若把自己的思想观点强加给婆婆，势必会发生言语上的冲突，闹得不欢而散。所以，最好把握求同存异这条沟通原则，交流时努力寻找彼此观点相同的话题，并且允许不同思想和看法的存在，这样沟通才能愉快地进行下去，促进婆媳之间相互了解，彼此关系进一步地改善。

大肚能容。有不少儿媳反映，说婆婆背后讲她的坏话。婆婆的这种做法固然不可取，但是，作为儿媳要表现出大肚能容的姿态，大可不必把此事放在心上，心生怨恨。因为，谁人背后无人说，哪个背后不说人。我们扪心自问：难道你从来就没有背着婆婆说她的是非吗？只要你做得正确，还怕婆婆说吗？时间长了，周围的人都会看明白的，并且会和你婆婆说，你儿媳妇很贤惠的，并不像你说的那样。为了家庭的和睦，容忍一下又何妨呢？

投其所好。要想让婆婆喜欢你，其实也并不难，就是投其所好。这当然并非要你露骨地奉承，而是要了解婆婆的脾气秉性和兴趣喜好，然后在沟通的过程中才能找到共同语言，才会和婆婆谈得投机，久而久之，能得不到婆婆的欢心吗？

婚姻的三种情境

婚姻大致有三种情境：

一种是能同贫困，但不能共富贵的。这种情境的婚姻，男人和女人因为贫穷，整日为了生活四处奔波，他们不得不省吃俭用，掰着手指头算计着花钱，更不敢有太多的奢求。为了生存，他们不得不相互依靠，患难与共，生活虽然苦了点儿，但日子倒也过得安稳。可是，如果有那么一天，一旦富贵突然降临到他们头上，原本平静的生活便起了波澜。因为有了钱，或者男的变了心，不是嫌老婆丑、脸又黄，就是嫌她没气质、少风度，于是在外面养情人，甚至抛弃自己的妻子；或者是那女的变得爱慕虚荣，贪图享乐，吃香喝辣，穿貂戴金，还嫌老公钱没有别的男人挣得多，官没有人家当得大，最后闹得夫妻反目，分道扬镳。

另一种是能同富贵，不能共贫困的。这种情境的婚姻，男人和女人因为有了钱，过起了富贵的日子，俩人恩恩爱爱，夫唱妇随，在天愿作比翼鸟，在地愿为连理枝，日子过得有滋有味，令人羡慕。可是，天有不测风云，一旦富贵享尽，堕入贫困，你再看他二人，立即显出了本来面目。这时候，夫妻好比同林鸟，大难临头各自飞。曾经的海誓山盟、地久天长，在贫困面前脆弱得不堪一击，他们的婚姻就像玻璃一样易碎，经受不住贫困的考验，试问，这样的婚姻怎么能够长久，又怎么能够幸福呢？

以上两种情境的婚姻都是不幸的，而幸福的婚姻只有这一种情境，既能同贫困，又能共富贵。婚姻中的男女，面对贫困时不悲观，他们心心相映，不离不弃，相濡以沫，用彼此的爱温暖着对方，在他们的心底涌动着一股热浪，那就是对美好生活的憧憬和渴望；面对富贵时不欢喜，也不得意忘形，更不会被五光十色的外面世界所迷惑，他们依然保持着当初的本性，用一种平常心来对待婚姻，也就是说，无论是贫穷还是富贵，他们都信守结婚时的誓言，“执子之手，与子偕老”。倘若你有幸遇到这种情境的婚姻，那是你前世修来的造化，你一定要懂得珍惜，因为只有能同贫困、共富贵的婚姻才是世上最美满、和谐、幸福的婚姻。

善待婚姻

人生的幸与不幸，除了事业的成败以外，还取决于婚姻是否美满。

无论是男人，还是女人，即使他（她）们在事业上很成功，倘若婚姻不美满，那么，人生也都是不幸福的，因为，幸福的人生有一半要靠美满的婚姻来支撑。

婚姻就像是漂亮的青花瓷，是个易碎品，须得小心轻放呵护，才能避免碰碎。然而，有的人不知道善待婚姻，往往因为生活中的一些琐事，或因钱的支配，或因大男子汉大丈夫主义，或因一方有不良嗜好，闹得不欢而散，致使婚姻支离破碎。

在现实的婚姻中，偶尔发生争吵是在所难免的现象，牙有时也咬腮舌，时间长了哪有勺子不碰锅沿的呢？有的人对此不能有一个正确的认识，或许只因为几次拌嘴，就轻率地提出离婚。君不见，确实有不吵不闹的两口子，他们的婚姻看似平静，可最后莫明其妙地离婚了，而那些偶有争吵的夫妻却能相守到白头。

婚前热恋中的男女，总是把不好的一面隐藏起来，而过多地把好的一面表露出来，因而，彼此眼中都是帅男、美女。婚后生活中的男女，自身的毛病或小节，会自然地显现出来，这时候，彼此眼中的爱人不像热恋时那样完美了，往往看到的都是对方的缺点或毛病。于是，婚姻也就常常亮起了“红灯”。

为了让人生更加幸福、美好，家庭更加温馨、和谐，我们应该善待婚姻。

善待婚姻，就要懂得珍惜。俗话说：“十年修得同船渡，百年修得共枕眠。”一日夫妻百日恩，我们要珍惜这段姻缘，小心地呵护彼此之间的感情，做到相互关爱、相互理解、相互体贴，而不能互相伤害，或动不动以离婚相威胁。

善待婚姻，就要懂得相守。夫妻如同连理枝、爱情鸟，就像涸泉中的两条鱼那样，相濡以沫，夫妻关系也应如此。其秘诀是，相互顺从，不要争你对我错，多换位思考以增进理解。要努力做到同喜同乐，患难与共，不离不弃，白头偕老。

善待婚姻，就要懂得包容。金无足赤，人无完人，人生在世，谁能无过，因此，双方心胸都宽容大度些，多看对方的长处和优点，少指责对方的不足或缺点。既然你在生命之中选择了对方作为终身伴侣，就应接受爱人的缺点，乃至他（她）的父母和家庭，更不能因过失和吵架向女方施暴。

善待婚姻，就要懂得自持。女方要力图避免红杏出墙，男方力戒招引“小三”。平时男女要共同承担家务，男方不要当甩手掌柜。事实证明，贪者必败，严重者不是进牢笼，就是招来重病。此外，还要彻底改掉吸烟、酗酒、赌博、吸毒等恶习。

朋友，请善待婚姻吧，人生短暂，我们要让爱和幸福常伴人生的左右，和和美美地尽情享受现代生活的美好，而不能让破裂的家庭给儿女造成终身的伤痛！

职场故事之演绎

曾经看过一则职场故事：有位大学生毕业后去美国一家汽车公司应聘。和他一同应聘的三四个人都比他学历高。当前面几个人面试之后，他觉得自己没有什么希望了，但还是不甘心，就敲开了董事长的办公室门。一进门，他发现地上有一张纸，就弯腰拾了起来，打开一看，原来是一张渍纸，便顺手把它扔进了废纸篓里。出人意料的是，前面几个人都没有被录用，而这个人却被录用了，他就是当今全球著名企业“美国福特公司”的创始人福特。

类似的职场故事还有：国内有家企业招聘员工，前去应聘的人很多，但只有 3 人接到面试的通知。其中有一个求职者，和其他两人相比，自身条件并不具有优势，但是，他在面试地点的拐角处捡到了 100 元钱，并且主动交给了负责招聘的人力资源部部长，而其他两个求职者也捡到了 100 元钱，但是他俩都把钱揣进了自己的腰包。招聘结果出来了，当然是他被录用了。

在这里，我们且不说两则故事中的企业招聘员工的动机和意图，也不说求职者被录用的理由，单说这样的职场故事，看得太多了就会觉得老套，对求职者来说或许是一个误导，假若有人按照这样的故事去求职，又会演绎出怎样的故事呢?

此时此刻，在我眼前，我仿佛看到下面这个场面：有一个刚毕业的大学生看到某企业刊登的招聘广告就前去应聘。当他敲了几下人力资源部部长的办公室的门以后，就听到里面传来一个男人的声音，“请进!”他就推门走了进去。只见他头也不抬，猫着腰，眼睛不住地往地下瞅，像是在找什么东西。那个人力资源部部长看到他这个样子很纳闷，就问“喂，同志，你找谁，有什么事?”听到问话，这个求职的大学生这才抬起头来回答说：“哦，没什么事儿，我是来应聘的。”部长听了这话有些诧异，就问：“你应聘就应聘呗，干吗一进门就低着头四处踅摸，是在找啥东西吗?”“哦，是的，”大学生说，“我看看地上有没有纸屑或钱物什么的。”部长更加困惑了，被弄得一头雾水，他说：“哦，此话怎讲啊?”大学生解释说：“以前在报刊上看过许多职场故事，故事中有不少用人单位常常安排这样一个情景，不是往地上扔纸屑，就是故意放钱物，以此来考察应聘者对这些东西的态度和处理方式，如果谁拾到并且交给招聘单位，那么谁就会被录用。我就是看了这样的职场故事才这么去做的，可是，我在地上找了半天，什么也没捡到啊!”他说的这番话，弄得那个部长哭笑不得。

最后，部长对他说，“你说的那类职场故事我也看过，故事中的事也并非虚构，但它毕竟只是故事，是个别企业招聘员工的一种方式，而现实中绝大多数企业招聘员工看重的是求职者的经验和能力，像你这样按照故事说的去做，又怎能找到工作呢?”

会得多不如干得精

南方一家大型钢铁企业登报招聘技工若干名。有一个年轻人看到启示后前去求职。

该公司人力资源部主管问他：“你以前曾在哪儿干过，都会什么?”

“我来这儿之前在北方的一个钢铁厂上班，干过2年高炉配料，还干过钳工，焊工也会。”年轻人回答。

“那你为何来我公司应聘呢?”

“那个钢铁厂工资太低，看到你们企业高薪招聘技工，我就来了。”

“这样吧，我先带你去现场看看，试试再说。”主管就带他到高炉操作间，那里的现代化设施让年轻人大开眼界。

“这是5000立方米的高炉”，主管介绍说，接着问他：“配料这活儿你能不能独立操作完成?”

年轻人犹豫了，一副为难的样子，吞吞吐吐地说：“这个……我恐怕……干不了。”

“为什么?”

“我只干过450立方米的高炉，没干过这么大的。”

“明白了，没关系，我带你去试试钳工的岗位吧。”

他们来到了设备车间，工人们正在装配一台复杂的液压机。主管指着这台设备问他：“这个你能干吧?”

年轻人摇了摇头，说：“我只干过机械钳工，没接触过液压……”

此时，主管的脸色有些难看，异样地看着他，叹了口气说：“你电焊活儿干得怎样？这样吧，那儿有个通水设备，你去焊了，一会儿我派人验收，不漏的话你就可以留下。”

年轻人费了很大劲，总算焊完了，坐在一旁休息。这时，主管就让一个工人把他焊的设备通水“打压”，结果一试，设备“哗哗”漏水，年轻人傻眼了，额头上也冒出了汗。

主管摇了摇头，对他说：“年轻人，这里暂时不需要你，如果想留下，等你练好技术再来……”

如今社会上确实有不少人像这个年轻人似的，自以为这也会，那也行，可是，没有一样学得精，求职怎能不失败呢？所以，会得多并不重要，关键是要干得精。

那么，怎样才叫“干得精“呢?

有个例子：福特公司的一台电机出了故障，专业人员研究了2个多月都没能修好。在束手无策的情况下，有人向公司推荐了当时移居美国的德国电气工程师斯泰因梅茨。他在电机旁边仔细观察、计算了2天后，用粉笔在电机的外壳上画了一条线，让工人在记号处把里面的线圈减少16圈。他们半信半疑地按照斯泰因梅茨的话做了，结果，电机的运转恢复了正常。事后，有关人员问他要多少酬金，他说：“1万美元!”于是引起了一片哗然，人们都说他画一条线就值1万美元，也太离谱了。斯泰因梅茨没有说话，只在付账单上写上费用的支出理由：“用粉笔画1条线，1美元；知道在哪里画线，9999美元。”

有句话这样说：“样样精通，样样稀松”，指的就是某些人，学的东西倒不少，可是没有一样真正学精，一到实践中就败下阵来。这就好比打井，即便打了多口井，也不如下力气打一口深得见水的井。所以，一个人，不管干哪一行，只要能够发扬“钉子”精神，把这一行做到出神入化、炉火纯青，就是“干得精”，在职场的竞争中就能赢!

关怀的力量

在我们短暂的生命中，或许没车、没钱、没房，但就是不能没有关怀。因为它是生命里的太阳，能融化所有冷漠的冰，驱除人生中的阴霾，带给我们温暖和光明，产生巨大的奋进的力量!

《伊索寓言》里有一则小故事：北风与太阳两方为谁的能量大相互争论不休。他们决定，谁能使得行人脱下衣服，谁就胜利了。北风一开始就猛烈地刮，路上的行人紧紧裹住自己的衣服，行人冷得发抖，便添加更多衣服。北风刮疲倦了，便让位给太阳。太阳最初把温和的阳光洒向行人，行人脱掉了添加的衣服，接着把强烈阳光照射向大地，行人们热得渐渐地忍受不了，脱光了衣服，跳到旁边的河里去洗澡。毫无疑问，太阳比北风更有力量。

我们的人生，多么需要太阳一般的温暖和关怀啊！这关怀是亲人的规劝和爱护、领导的关心和提携、老师的鼓励和帮助、朋友的肯定和支持，让我们如草木一样，得到阳光的沐浴，茁壮地成长；而“北风”则不是我们想要的，它只会对我们或求全责备，或粗暴地训斥、挖苦和贬低，那种冷漠使人感到寒得彻骨，即便有一颗上进的心，也饱受精神的摧残，常常会自弃和沉沦。

“这个世界上关怀是最有力量的，时时关怀四周的人与事，不仅能激起别人的力量，也能鞭策自己不致堕落”，这句话是台湾的王雨苍老师对学生林清玄说的。高中二年级时的林清玄，学业与操行都很差，被学校记了两次大过，还被留校察看，赶出学校宿舍。幸运的是他的导师王雨苍先生一直没有放弃他，时常对他欣赏地说：“我教了50年书，一眼就看出你是会成器的学生。”在老师的赏识和关怀下，林清玄的内心受到了极大的震撼和激励，希望的火炬在他心中熊熊燃烧，从而使他浪子回头，立志要度过一个“关怀的人生”。后来，他走上了写作之路，成为台湾地区最有影响的作家之一。关怀可以改变人生，其力量的巨大可见一斑。

在我的人生陷入低谷的时候，我很庆幸，得到了朱老师的关怀。他与我素昧平生，有一次，他偶然中看到我市著名作家姜孟之为我在《人民日报》“大地副刊”发表的一篇散文所写的文学评论，我们才有缘相识。这位年近古稀的朱老师为人宽厚、慈善，热心公益事业，遵循“三不”的人生理念，即不要误事、不要误人、更不要误国，关怀着他人。他得知我的创作条件非常艰苦，家境又不富裕，很理解和同情，就想改善我的创作环境和条件。于是朱老师不辞辛苦，亲自深入到我所在的炼铁厂和家中采访。当他看见我多年坚持创作并在全国发表大量的作品时，一再鼓励我要多为读者提供精神快餐。后来，他写了一篇题为《林振宇：一块会“开花”的石头》的长篇通讯，整版刊发在《林城晚报》上，我自学成才的事迹在社会上产生了较大的反响。正是朱老师的关怀和鼓励，让我感受到了雪中送炭的真情，激励着我为实现梦想而继续发扬自强不息的“犟松”精神，投入到我热爱的文学创作中。

这世上总有一种力量让人泪流满面，总有一种力量让人刻骨铭心，总有一种力量让人奋发进取，这种力量叫做关怀。关怀同样是一种向善和大爱。它像阳光一样播洒在人间，给我们温暖和力量，给我们信心和愉悦；它如甘霖滋润着我们久旱的心田，让一些荒漠的心田，也能长出一片绿洲。当我们从别人那里得到这种关怀的力量并加以传递的的时候，我们的社会将会更加和谐，我们的人生将更加精彩！

交友之道

“有朋自远方来，不亦乐乎”这句话已经流传了2000多年，经久不衰，至今依然让人怦然心动。把它翻译过来，就是说，有朋友从远方来，不是也很快乐吗？中国人认为，与朋友交往是一件很快意的事儿，多认识一个朋友也会让自己高兴，快乐其实很简单，表达了中国人喜欢结交朋友的性格。记得2008年，在北京举办的第29届奥运会上，中国人就打出了“有朋自远方来，不亦乐乎”“北京欢迎您”的宣传口号，向世界敞开了心怀，向各国不同肤色的人民发出了热情的邀请，展现了一个文明古国、礼仪之邦应有的友善、好客、胸襟四海的一面。

其实，“有朋自远方来，不亦乐乎”这句话就出自《论语》里的《学而》篇，是圣人孔子说的。由此可见，自那时候起，中国人就很看重朋友，还把朋友和快乐联系在一起，可见“朋友”二字在国人的心里是一个多么重要的字眼儿。老百姓也常说，“在家靠父母、出门靠朋友”，“多条朋友多条路”。在国人看来，朋友是可以互相依靠的。人生在世，哪能没有朋友呢？就像秦桧这样的坏人，还有两个好朋友呢。在我们的人生中，真的离不开朋友，尤其当是我们遇到麻烦需要帮助的时候，就会想到朋友。

然而，朋友也是有真有假、有好有坏的。交上好的朋友，可以给你很多帮助，终身受益；倘若不小心交上坏的朋友，不但会给你带来许多麻烦，甚至还会把你引上邪路，受害无穷。因此，交友要有眼光，要慎重。那么，什么样的朋友值得结交？什么样的朋友不能交？我们应该如何选择朋友呢？《论语》给出了答案。

在《季氏》篇中，孔子曰："益者三友，损者三友。友直，友谅，友多闻，益矣。友便辟，友善柔，友便佞，损矣。"孔子在这里告诉我们："有益的朋友有三种，有害的朋友也有三种。和正直的人交朋友，和诚信的人交朋友，和见闻广博的人交朋友，是有益的。和逢迎谄媚的人交朋友，和伪装柔顺的人交朋友，和花言巧语的人交朋友，是有害的。"孔子的这一论断多么精辟和富有智慧啊！接下来让我们分析一下孔子说的益友，看看为什么这样的朋友值得结交。

友直。直，即正直。这种朋友为人真诚，心胸坦荡，做事光明磊落，没有偏私。他说话直来直去，不会拐弯抹角，更不会挑好听的说。看见你身上有何缺点、过错，他也不会隐瞒，或是怕得罪你而默言，而是毫不客气地指出来。这种朋友也可以称谓"诤友"。古人云："文贵曲，人贵直。"他的忠言虽然逆耳，但却利于行。因此，这种朋友是有益的。

友谅。《说文解字》说："谅，信也"，就是诚实守信。这种朋友忠诚老实，不会说谎欺骗别人。他"言必信，行必果"，答应别人的事儿一定会去办，从不失信于人。和这种朋友交往，我们心里会觉得很踏实，如果有重要的事情需要托付于人，那么，只有选择这样的朋友我们才会放心。

友多闻。这种朋友见多识广，博学多闻，就像是一本书，可以把我们带到更广阔的地方。当我们有了疑惑，而又找不到答案的时候，完全可以请教这种"多闻"的朋友，因为他知识面宽，兴许可以为你解惑。下棋要找高手，交朋友也是一样，最好多与各方面比自己强的人交朋友。宋代岭南的大学者何州在《西畴常言》一书中就主张，"交朋必择胜己者，讲贯切磋，益也"。这就是说，要欢迎朋友比自己强，这对自己有好处。

以上三种朋友是有益的，可以结交。那么，哪三种朋友是有害的，是不能结交的呢？让我们再来分析一下孔子说的“损友”。

友便辟。这种朋友与“友直”正好相反，缺少真诚、正直之心。这种人圆滑世故，专会见风使舵。当你得势时，他总是笑脸相迎，巴结、奉承你，想尽各种办法来讨好你，以此来谋得他想要的利益。可是，当你失势时，他则退避三舍，对你敬而远之，更不要奢望在你落难危机之时能够伸出援助之手了。更有甚者还会“上屋抽梯”“落井下石”，这样的朋友是有害的。

友善柔。这种人很会伪装，平日里对你和颜悦色，装作善良柔顺的样子，骗取你的信任。当你把掏心的话告诉他之后，他却在背后添油加醋地说你坏话，搬弄是非。你把他当成朋友，可是他却在关键的时候出卖你，这种所谓的朋友还是不交为好。

友便佞。这种人没有什么真本事，只会阿谀逢迎，巧言善辩，夸夸其谈，一遇到问题却没有解决的办法。孔子就非常反感这种人，他说：“巧言令色，鲜矣仁!”意思是说，“花言巧语，一副讨好人的脸色，这样的人是很少有仁德的”。如果说，和高尚的人在一起，我们也会变得崇高，那么，和“便佞”之人在一起，只能让我们“近墨者黑”了。因此，这种朋友也是有害的。

我们知道，朋友也是有真假的。益友是真朋友，损友则是假朋友。我曾经看过一个故事，大意是说从前有个老人，他只有一个儿子，却整天不务正业，和一帮酒肉朋友瞎混。在他看来，这些人讲哥们义气，都是他的朋友。可是，父亲却很为他担心，对他说，你交的都是坏朋友，赶紧远离他们吧。儿子就与父亲争执，说你活了大半辈子有几个朋友？父亲顿了一下说，“只有一个半朋友”。儿子一听就笑了，说朋友哪有论半个的呢，他很好奇，就和父亲打赌，想见识一下这“一个半”朋友。于是，父子俩商量好，让儿子说自己不小心误杀了人，看看他和父亲的朋友谁会真正地帮助他。一天晚上，儿子找遍了所有他认识的所谓朋友，可是，他们一听说他出事了，都躲得远远的，或是找来各种借口推掉，没有一个人肯帮他，儿子失望极了。父亲说，孩子，我们还是先到我那半个朋友那里去看看吧。到了那人家里，父亲把儿子误杀人的事儿告诉了朋友，希望他能帮帮儿子。这个半个朋友说："兄弟，你放心好了，只要能救你儿子，需要多少钱你尽管说。"儿子听后暗自兴奋，寻思到，老爸的这半个朋友还真不赖啊，够朋友。父亲道谢完以后就离开了，和儿子去了另一个朋友的家里。朋友听完来意后就说："兄弟你走吧，你儿子不会有事的。"最后，他从自己的三个儿子中选了一个，去为兄弟的儿子顶罪。儿子听完以后，感动得泪流满面，幡然醒悟，再也不和那些酒肉朋友交往了。

这个故事告诉我们，只有在危难之时真心肯帮助你的人才是真朋友。

那么，对于朋友，应该如何事先就能分辨真假呢？

这就要有"知人"的本领，也就是孔子说的"智"。

在《论语》里，记得有一次，樊迟向孔子请教，什么叫"知（智）？"孔子回答说："知人。"

老子在《道德经》里也说："知人者智。"他和孔子的看法是一致的，就是要了解他人。

《增广贤文》有云："画龙画虎难画骨，知人知面不知心。"人是最难了解的。我们或许有过这样的体会：有的人，我们认识他几年、十几年，甚至是几十年，但是也不能真正地了解他，只是认识而已；可是，有的人，我们哪怕和他谈过一席话，彼此都会觉得话语投机，情投意合，大有相见恨晚之感，很快就成了好朋友，你说怪不怪？

结交朋友，要有选择，如前所述，要"益友"，不要"损友"，而选择的前提是要"知人"。那么，怎样才能了解一个人呢？

《论语·为政》里有段话，"视其所以，观其所由，察其所安。人焉廋哉？人焉廋哉？"孔子的意思是说，观察他的所作所为，观察他走过的道路，考察他心中的追求。这样，那个人怎么能隐藏得了呢？

那么，孔子为我们介绍的这种识人的方法到底可不可行呢？

视察他的所作所为。一个人的行为是受他的思想支配的，内在的心理活动也可以从他的言行上表现出来。观察他的所作所为，就可以知道他是善是恶、是忠是奸、是贤是愚、是真是伪，就可以了解他是怎样的一个人。

观察他走过的道路，这是从历史的角度来看一个人。历史就像一面镜子，可以通过他的过去，照出他的本来面目，那么，他还有什么可以隐藏的呢？

考察他心中的追求，这一点很重要。子曰："道不同，不相为谋（《论语·卫灵公》）"，用在这里也是很合适的。就是说，交朋友要看他的志趣、爱好、主张，看是否与自己相同或相近，倘若不是一路人，就不要勉强做朋友。《易经·乾》有云，"同声相应，同气相求"，所以结交朋友最好选择和自己志同道合的人。

孔子让我们学会了如何识人，他的方法是行得通的，对于我们的人生来说，也是一笔不小的财富。

"有朋自远方来，不亦乐乎？"出自《论语》里的这句话，依然飘荡在历史的长空中，这是一个民族向世界发出的心声，这声音就像电波，是永远不会消逝的！

第七章

不懈奋斗 成就梦想

成功靠自己

他出生在一个讲究出身成分的特定年代。因为他家是中上农成分，连领救济粮的资格都没有，所以，他的家庭并不富裕。他仍然记得，有一次大年三十，他端着饭碗到别人家讨饺子吃，这心酸的一幕留在了他的脑海里，难以忘却。

他天生相貌丑陋，长着一双不大的眼睛，隐约透露着几分机敏和灵性，长得丑并不是他的错，相貌都是爹妈给的，谁也无法选择。可是，村子里很多人都嘲笑他，为此他痛苦极了。慈善的母亲却不认为他丑，这样告诉他，只要心存善良，多做好事，即便是丑也能变美。母亲的一番话，让他明白了一个做人的道理。

他小学都没有毕业就辍学了。因他年幼体弱，干不了重活，只好到荒草滩上去放牧。当他牵着牛羊路过学校，看见昔日的同学在校园里快乐地嬉戏时，他心里感到悲凉和孤独。

或许是为了排遣内心的苦闷，闲暇时他就喜欢看书，尤其是小说，如《三国演义》《水浒传》等。因为没钱买书，他千方百计地向别人借书看，可是借书终有穷尽之时，他时常无书可读，这时候，哪怕是一部《新华字典》，他也能看得津津有味。

除了酷爱读书，他还迷恋听故事。在集体劳动的田间地头，在生产队的牛棚马厩，在他爷爷奶奶的热炕头上，甚至在摇摇晃晃的牛车里，他聆听了许多神鬼故事、历史传奇、逸闻趣事，这让他兴奋不已，并萌生出种种幻想。回到家后，他还把从外面听来的故事，学着说书人的样子，添油加醋、绘声绘色地讲给他的母亲听。

21 岁那年，他应征入伍，走出了生养他的家乡，开始了人生重要的转折时期。在部队里他当过班长、保密员、图书管理员、教员。但是，在他的心底，涌动着强烈的用笔来讲故事的欲望，并开始尝试，结果不尽如人意，作品的文学价值不高。这说明，文学创作之路没有坦途，哪怕他有天分，也并非生下来就会写作。他毅然决定要服膺于他的天性和梦想，沿着这条路走下去。

后来，他考入了解放军艺术学院文学系，当时他 29 岁。

在不断地学习和实践中，在徐怀中等老师的启发指导下，他深受启蒙，逐渐认识到：文学创作必须站在人的立场上，把所有的人都当做人来写，写自己最熟悉的生活和人物，而且必须用自己的方式把故事讲出来。

勤奋造就了天才。他像一只老母鸡，不间断地下蛋。对于作家而言，作品就是他下的蛋。数年里，他写出了《秋水》《透明的红萝卜》《红高粱》等一批独具特色和较有影响的作品。2012 年，他凭借长篇小说《蛙》而一举成为中国首位获得诺贝尔文学奖的作家，他就是莫言。

从莫言的故事中我们感悟到：影响成功的因素固然很多，比如说，一个人的家庭出身、相貌、文化程度等，应当承认这些因素非常重要，甚至关系着一个人的命运。但是，这并不是绝对的，也不应该成为我们失败的借口。莫言用事实告诉我们：不靠天、不靠地、不靠祖上，成功靠自己！

点亮心灯

有这样一个故事：一名男子乘坐的一艘船在大海中遇上风暴，沉没了，他侥幸获得了一个小小的救生艇才幸免遇难。这时候，天渐渐黑了下来，饥饿、寒冷和恐惧一起袭上心头。求生的本能让他一次次地在心中这样默默地激励自己：坚持、再坚持……生的希望激活了他顽强的毅力，他奋力向前划呀划呀，过了 4 天终于被人发现，他得救了。

这名男子无疑是聪明的，在无边无际的大海上，在黑夜里，虽然没有光亮为他指引方向，但他坚信：只要在心中点亮希望之灯，它就会给你温暖、给你慰藉、给你信心、给你力量和勇气，战胜任何艰难险阻，创造生命的奇迹。

其实，每个人的心中都有一盏灯。也许有些人曾点亮过它，后来又熄灭了；也许有些人根本就不曾把它点亮。这样的人到头来一无所成，只能给人生留下遗憾。而那些点亮心灯又不曾熄灭的人，生命就会鲜活，人生就会亮丽，事业就会有成。

在人生的旅途上，我们不会总在阳光下行走，难免要历经无边的黑夜。倘若没有灯光的指引，极易迷失方向，那将是一件十分可怕的事情。任何挫折和困难都会使我们失去奋斗的狂想与追求的激情，浑浑噩噩地打发属于我们只有一次的宝贵生命，碌碌无为地走过此生。如果我们不想留下遗憾，就请点亮那盏心灯吧！

每个人心中的那盏灯，要么是别人为你点燃，要么是你自己点燃，而后者更值得赞扬。在没有任何依靠的情况下，只能靠自己，就像故事中遇难的男子那样。如果你点亮了心中的那盏灯，那么你就是生活的强者、智者，命运的主宰者！在心灯的照亮下，我们充满了憧憬，步伐变得更加铿锵有力，即使在黑夜里跋涉，也不会感到害怕和孤独。

我们坚信：黑夜即将过去，黎明终将到来！

人生须有“三支箭”

人生若弓，弦上须有“三支箭”，一支叫立志，一支叫努力，一支叫机遇，三箭齐发，才能射中成功之靶。

凡俊杰者，成功在于立志。不立志，天下无可成之事。立志之于人，犹如枝叶之于树根。枝叶的系繁茂，皆由根生发，根深才叶茂，本固则枝荣，人生的枯荣亦是如此，有志者成就事业，无志者碌碌无为。立志好似水之源头。水之所以流动奔腾，皆因有源头之故；一个人之所以能致远，立志是他的动力来源。立志要立长志，而不能常立志。立长志者，人生的目标明确、坚定，好像心中有盏熠熠的灯，指引他勇往直前，而不会迷失方向。常立志者，是一叶没有目标的小舟，任何方向的风，都会将它吹偏，远离正确的航道。无论多少崇高伟大的志向，假使不为，则是空想，所以一定要努力。

努力必须勤奋、刻苦。这好比种地，没有耕耘就没有收获；一个人如果不努力，就不可能采撷到成功的硕果，品尝它的甜蜜。努力的过程或许很漫长、很艰辛，只有不怕挫折和劳苦的人，才能成就志向，干出一番事业。努力需要科学的抉择，才不至于走弯路，从而找到通往成功的路径。有些人虽然努力的方向明确了，但是，在人生的岔道口上，只因盲目地选择，走上了一条错误的道路，也就注定了失败的结局。

成功是内因和外因综合作用的结果，内因是根据，外因是条件，没有外因，内因就不能起作用。如果说立志、努力是内因，那么机遇就是外因。一个人无论多么有才能，假如生不逢时，或是错过机遇，也是枉费心机。历史洪流，奔涌浩荡，顺之则昌，逆之则亡。时世造就英雄，只有那些洞察时世，顺应潮流，抓住机遇，得风气之先的人，才能脱颖而出，建功立业，让人生大放光彩。

倘若我们将立志、努力、机遇这“三支利箭”搭在人生的弓弦上，而且“箭”无虚发，那么，成功一定是属于我们的！

徒步英雄

有一名普通工人，为了实现徒步到海南的梦想，49 岁那年，他从我国最北部的漠河出发，途经 10 个省，行程 5861 千米，历时 175 天，如愿以偿到达了目的地，终于实现了心中的梦想，成了一位徒步英雄，受到当地群众及有关媒体的关注。

当记者采访他时，他讲述了那段鲜为人知的经历：一路上，我遭遇了常人难以想象的困难。记得途经吉林省，突遇暴雨，患上了严重的感冒，高烧达39度，我只得暂短地休整了2天，又带病开始了旅程。我患有糖尿病，靠吃药硬撑着，但因劳累过度，导致病情加重，双腿肿得厉害，一个多月才见好转。当时，亲朋好友多次打电话给我，好言劝阻，但是，我都没有轻易地放弃我的梦想。

接着，他深有感触地说："其实，路上遇到的这些困难还可以克服，最考验人的是来自外界的诱惑。譬如，经常会有人问我，要不要搭车？疲惫的我每次听到这样的声音，心中的欲望就被点燃，就好像口渴如焚的人想要喝水一样，但是，我最终战胜了自己，没有搭车，没有成为欲望的奴隶。"所以，要想成功，就必须在关键的时候把握住自己，学会排除一切欲望和杂念。

徒步英雄的经验告诉我们：在通往成功的道路上没有一帆风顺的，时时会有一些东西干扰你，分散你的注意力，只要你摒弃心中的杂念，一如既往，朝着目标努力，就能成功！

成功就像立鸡蛋

话说哥伦布发现美洲新大陆回国以后，他成了西班牙人民心目中的英雄。可是，有些贵族对他的航海壮举不以为然，他们还说："哼，这有什么稀罕？只要坐船出海，谁都会到达那块陆地的。"

在一次宴会上，这些贵族们又提出了这样的诘问。哥伦布沉默了一会儿，忽然从盘子里拿个鸡蛋站起来，向大家提出一个古怪的问题："女士们，先生们，谁能把这个鸡蛋竖起来？"鸡蛋从这个人手上传到那个人手上，他们都把鸡蛋扶直了，可是一放手，鸡蛋立刻就倒了，怎么努力也无济于事。最后，鸡蛋回到了哥伦布的手上，满屋子鸦雀无声，大家都要看他怎样把鸡蛋立起来。只见哥伦布不慌不忙，把鸡蛋的一头在桌子上轻轻一敲，蛋壳就破了一点儿，鸡蛋就这样稳稳地直立在桌子上了……

其实，成功就像立鸡蛋，看似简单，但未必人人都能做到，所以，这世上成功的人总是少数，并非谁都能随随便便成功。

很多时候，有些人对于别人的成功总是看得很轻，认为很容易。可是，成功者所做之事，或许不少人也尝试过，但因种种原因终致失败，而一旦看见别人成功了，才知道应该怎么做，又说太简单了，或许发出这样的自问："我怎么没想到?"

那么，为什么这些人做不到呢?其中有一个很关键的因素，是这些人因循保守，不能打破思维定式。因为人的行为是受思想支配的，而思维方式又决定一个人的做事风格和习惯。当人们一旦形成某种思维定式以后，就很难改变，对出现的新问题、新情况，人们往往束手无策。

就拿立鸡蛋这件事来说，很多人的头脑中都存在这样的思维习惯，以为若要把鸡蛋立起来就不能敲破。其实，这个"游戏"并没有设置任何规则，不管用什么方法，只要能把鸡蛋立起来，谁就是赢家。他们之所以没有把鸡蛋立起来，就是因为他们按照常规去思维，人为地无形中给自己编织了一个思维的"茧"，并囿于其中而无法挣脱，怎么能够找到破解"难题"的方法呢?

一个人无论做什么事情，如果按照常规思维行不通时，就应该改变策略，开动脑筋，创新思维，大胆尝试，才有可能找到一条出路。而创新不需要天才，就像法国著名滑雪队员基利说的那样，"只要有敢于对传统的行为方式质疑的精神就足够了"。所以，创新思维并不神秘和复杂，需要有一点儿勇气和质疑的精神，努力摆脱传统思维的束缚，弃旧图新，寻求解决问题的全新的、独特性的解答和方法，只有这样，我们才能像哥伦布立鸡蛋那样，最终获得成功。

生命在痛苦中升华

种子在痛苦中萌生，婴儿在痛苦中分娩，雏鹰在痛苦中展翅，生命在痛苦中升华。

生命所创造的奇迹往往是在痛苦中酝酿、升华的。史蒂芬·霍金就是其中一例。21 岁时，霍金遭遇了一次沉重的打击，他被确诊为患有不可治愈的运动神经病（简称 ALS）。1963 年，医生预言他只能活两年半。为此，霍金曾一度沉浸在极度的痛苦中。在医院里，他决定：反正就是一死，我不如做一些像样的益事。人生往往是这样，只有面临死亡时，才能把潜能释放出来，提升到一个新境界。正是这种不幸，使霍金的人生发生了根本性的转折：从一位普通学者一跃成为宇宙大爆炸理论和黑洞理论的创始人，还写出风靡全球的著作《时间简史》。

这样的例子很多，像贝多芬、奥斯特洛夫斯基、米尔顿、梵高、海伦·凯勒……他（她）们都曾有过痛苦的人生，但是他（她）们没有因此而消沉、悲观，他（她）们化痛苦为力量，把生命赋予的特质发挥到极限，升华出光彩夺目的光环。

生命的升华如蛹化蝶，蛹一次次蜕皮，蜕一次皮长一截，直到有一天，变成一只美丽斑斓的蝴蝶。这一过程，蝴蝶必得在蛹中痛苦挣扎，待到它的双翅强壮了，才能破蛹而出。

不让心灵长草

从前，有个农民，他家的空地里长满了草，他就想，“不长草该多好啊?”但是，他又想不出最好的办法来。他问过村里的一些人，他们都说，土地哪能不长草，农民听后生了烦恼。

一次机缘，农民蹲在地头上沉思默想。有位哲人恰巧打这儿路过，农民虔诚地向前请教：“怎样才能不让土地长草呢?”哲人告诉他：“最好的办法就是在土地上种满庄稼，土地才不会荒芜。”

由此我想到，如果把人的心灵比作一块土地，那么它长满了草将是怎样的情景呢？我曾见过心灵长草的人，他们自私自利，贪婪无度，只知享乐，不求进取，消极悲观，浑浑噩噩，虚度光阴，到头来碌碌无为，追悔莫及。

要想不让心灵长草，最好的办法就是像土地那样种满“庄稼”。如果我们在心灵的土地上种上一点儿真诚、一点儿善良、一点儿友爱、一点儿宽容、一点儿孝心、一点儿乐观、一点儿理解、一点儿梦想……那么那些有损于我们心灵健康的杂草就没有生存的机会和空间，我们就会收获一片金灿灿的庄稼!

找到自己

茫茫天穹，在宇宙的坐标上，每一颗星体都有自己的位置，按照自己的规则永不停息地运动着，从来没有杂乱过；在人生的坐标上，每个人都要努力找到自己的位置，才不会迷失方向，才能成为梦想中的那个角色。

有的人只因为没有找到自己的人生坐标，一生碌碌无为，一事无成。他们不知道，自己的天性究竟在哪里，自己的兴趣、爱好及特长是什么，他们的行为往往毫无目标地按照传统的思维惯式随波逐流，或是急功近利，违心地做自己不喜欢的事儿，结果埋没了与生俱来的潜在天赋，而没有大的作为。

在我们的社会中，有着数以万计的体力劳动者都是极其普通的工人，每天从事着繁重单调的劳动。然而，如果他们的潜能被真正唤醒的话，完全有可能成为梦想中的那个角色。问题在于，他们的思想麻木和愚昧，认识不到自己的力量，也从来没有真正认清自我，因而他们只能从事低级、笨重的工作，每日挥汗如雨，为了生存而苦苦奔波。

找到你自己！有个声音响彻耳底。那么，如何才能找到你自己呢？在希腊帕尔纳索斯山南坡上，有一个驰名整个古希腊世界的戴尔波伊神托所，在它的入口处的石头上刻着这样一句话："认识你自己。"也就是说，要想找到你自己，首先要认识你自己。如果你是鱼，不要迷恋天空；如果你是鸟，不要迷恋海洋。找到你自己，说起来容易，做起来难，必须有坚定的信念，锲而不舍的精神，抵御世俗的各种诱惑，排除万难，服膺于天性的引导而执著地追求自己喜欢的某种事物，才能踏上追梦的旅程。

大凡成功人士的成长历程，都为后人昭示着这样一个普遍性的启示：一个人只有找到你自己，顺应自己的天性并保持旺盛的激情和斗志，才能梦想成真！

长大是一种残酷

或许我们每个人都曾经有过这样的感受：小时候的我们天真烂漫、无忧无虑，像一棵小树，渴望长大、长高，长成像父母一般的大树。只因为有父母这样的大树的庇护，为我们遮风挡雨，我们才感受不到那风雨袭来的残酷。

忽然有一天，我们真的长大了，独立走向社会，为了生存而四处奔波，才发现外面的世界很精彩，外面的世界也很无奈。历经了太多的世事，看惯了太多的"人心险于山川"，于是，我们莫名地产生一个幼稚的想法：好想回到从前，回到那不知愁滋味的年代。但是，时光如流水，一去不复返，毕竟我们长大了，我们要学会坚强地面对这个现实的世界，无论你愿不愿意，只能如此。

有这样一个故事：一只河蚌，在它幼小的时候非常不幸，一粒沙子进入了它的肉体，无论它怎么努力，也无法把这个“异物”从身体里排出去。这种痛苦是刻骨铭心的，非亲身经历是无法体验的，也将伴随着它成长的每一天。“既然无法排除，那么就学会接受并且包容它吧！”河蚌心里这么想。日子就这样一天天地过去了，小河蚌渐渐地长大了，它发现，那粒曾经让它痛苦不堪的沙子，现在已经和它融为一体了。后来，有位渔民无意中把它打捞上来，惊奇地发现，这看似普通的河蚌，身体里竟然蕴藏着一颗晶莹夺目的珍珠！

记得曾经有一只正在蛋中孵化的鸡雏，只因为害怕破壳而出后的残酷命运，它宁愿待在蛋壳里也不肯出来，结果它成了一枚毫无价值的“臭蛋”。

我们不能像正在孵化的鸡雏那样畏惧命运，而应努力成为一只河蚌，把苦难化作一枚珍珠，让生命绽放出璀璨的光芒！

胸有朝阳

我跋涉在冬日的旅途上，背负着行囊向远方，远方有我的希冀和梦想，我要努力去追赶心中的太阳。凄冽的北风在耳畔呼呼作响，吹开我单薄的衣裳，把我冻僵。既然作出无悔的选择，我只能让脚步铿锵。

我跋涉在人生的旅途上，怀揣着爱和希望，肩上的行囊好重好重，人生的路崎岖漫长，孤独和寂寞算得了什么，我有雄心壮志可解忧伤，远方的亲人和朋友，你们的目光给了我勇气和力量，既然选择了远方，哪怕山高水长。

我跋涉在寻梦的旅途上，无垠的旷野留下我的脚印一行行。黑夜就像一张铺天盖地的网，把我罩在网中央，也曾有过痛苦和迷惘，我只能用黑色的眼睛去寻找太阳升起的方向，任何困难都无法把我阻挡，我意志如钢，坚信梦想就在不远的前方。

我跋涉在青春的旅途上，青春的热血沸腾在胸膛，为了心中的渴望，我离开了家乡，去流浪，流浪在远方。想家的时候，我就站在高高的山冈，向着家的方向眺望，那里有我的爹和娘。虽然前方的路太凄茫，但是，漫漫长夜有天上的北斗为我指明方向，疲惫的心不再彷徨。我知道，夜的尽头有曙光，冬的深处有春光。

我跋涉在奋斗的旅途上，想象不到的困难时常把我阻挡。大雪满天飞扬，天地间顿时白茫茫，冰封了所有的道路，还有山林、河塘，冰封不住的是我的信仰，信仰告诉我的人生：没有踏不平的坎坷，没有过不去的大江。于是，奋斗的激情再一次被点燃，我重整行装，又投入到人生的战场。

朋友啊朋友，你要是问我为什么能够战严寒，傲风霜，不怕夜黑路又长，因为我胸有朝阳！

负重前行

阳春三月的一天下了一场大雪，午时的太阳爬上了头顶，煦暖的阳光撒在身上，暖融融的。我因有急事要去外地，便拦住一辆松花江微型车。

司机是个女的，40岁左右，身体微胖，留着一头短发，她告诉我，雪大路滑，有些大客车停运了，小车还可以跑。

车上只有我一个乘客。坐在车里，我向车外望去，山路弯弯，有的地段雪化得稀泞，还有的结了一层冰，光溜溜的，所以，车速很慢。我心里很急，时不时地看手表，实在忍不住了，问司机："能不能开快点儿啊，我有急事。"

"你看这山道，敢快开吗？"女司机回答。

我们的车行驶途中，遇到一个陡坡，司机开车没冲上去，停在了半腰上，这时，一辆枣红色的微型车从身后驶来，很轻松地爬上了山坡，很快从我们的视线中消失了。我困惑了："都是微型车，为什么那辆车能爬上去且开得快?"我问司机。

司机说："你没有看见啊，人家车上装满了货，能压住车，所以不至于在雪地上打滑，才能既安全又很快地前行，不怕山陡路滑。咱们这辆车只有你一位乘客，其重量微乎其微，车跑快了，不但发飘、打滑，还很危险，你愿意呀?"

女司机的一席话，使我顿悟释然。其实，人生又何尝不是如此呢？无论我们为人夫、为人父、为人妻、为人子；也无论我们有着怎样的奋斗目标，亦或是怀揣着多么美好的梦想，等等，都是我们所负之重，需要我们勇敢地面对和顽强地担当，倘若我们肩上毫无压力，自以为一身轻松，逍遥自在，又何来动力可言？只能是心无目标，游戏人生，在看似平顺的境遇中埋下困厄的种子，到头来徒增遗憾；亦或是轻视大意，急于求成，一蹴而就，结果是事与愿违，欲速则不达，行不远矣！所以说，只有我们肩上所负的东西重，我们才能更小心去走，所以反而走得稳，走得快，走得远。诚如一位哲人说的那样："人生必须肩负重担，一步步慢慢地走，稳稳地走，总有一天，你会发现，自己是那走得最远的人！

当个女作家有多难

最早知道她的名字，是早年看过一部电视连续剧——《趟过男人河的女人》，该剧就是根据她的同名小说改编的。近年，她写了一部自传——《生命的呐喊》，先后荣获了"徐迟报告文学奖"、"鲁迅文学奖"，她就是著名女作家张雅文。当我看完这部书以后，才了解了张雅文那坎坷而富有传奇色彩的人生历程，不由发出这样的感叹："当个女作家有多难!"

张雅文出生在辽宁开原的一个与世隔绝的小山沟里，家里因吃饭都成问题，所以，她被视为多余的人，出世不久就被母亲塞进炕琴底下。为了谋生，父母又把她带到了黑龙江小兴安岭林区的一个荒凉的山沟里，他们住的是马架窝棚，靠开荒种地度日，小雅文就是在那里度过了苦难的童年。那个年代，有不少人家的孩子不上学，尤其是女孩。可张雅文一心想上学，因为她不想成为不识字的睁眼瞎，稀里糊涂地在山沟里过一辈子。从此，10 岁的张雅文每天风雨无阻地走在那条荒无人烟、野兽出没的上学路上，每天要走三四个小时，往返 20 多里路。后来，雅文有幸进了城，在她 13 岁那年，小学都没毕业的她幸运地被选进体工队，成为一名滑冰运动员。在这之后的几年里，她因多次训练受伤，不得不退出冰坛，转业当上了一名会计，那一年她 19 岁。

时光飞逝，转眼间张雅文已是两个孩子的母亲了。不甘心平庸过一辈子的张雅文，在她 35 岁那年，突然冒出一个异想天开、很大胆的想法，她要拿起笔，重新书写自己的人生。这种创作的激情在她的胸中激荡着，冥冥中她有一种意识，认为这或许是命运抛给她的最后一根救命稻草，必须紧紧地抓住它，否则就再也没有机会了！就这样，一个 35 岁的女人，像输光钱的赌徒一样，决定把全部生命押在文学的赌桌上。然而，这对于只有小学文化程度的张雅文来说意味着什么呢？

她既无文字功底，也无文化底蕴，更无名师指点，仅凭一股初生牛犊不怕虎的劲儿，误闯误撞地挤上了这条充满艰难的文学创作之路。

从此，她像着了魔似的，脑袋里除了构思小说，什么都没有。平时，她坐在办公室里摆弄数字，但心思根本没放在工作上，就连走路、骑车、开会，甚至做梦都在琢磨小说。但她发现，白天明明想得好好的，可是晚间一坐在折叠的小桌前，脑袋里却空空的，什么词都没有了，坐在那儿冥思苦想，半天也写不出像样的文字。她这才意识到，文学创作并非像她当初想象的那么容易，也不是谁拿笔都能写出锦绣文章的。

她认识到：自己的文化积累太少，语言匮乏，要想写出点儿东西，就得打好基础，下苦功从头学起。张雅文利用一切可以利用的时间，一方面自学了初、高中语文课本，另一方面发奋地读中外文学名著，她恨不得把一分钟掰成两半儿用。白天上班，她把小说藏在办公桌里偷着看，下班回到家里，也一边儿摇风轮做饭，一边儿囫囵吞枣地啃《红楼梦》，有时还边切菜边背诵墙上挂的古诗词……

勤能补拙。随着写作水平的逐渐提高，她的文字也陆续地发表在报刊上。然而，有些人却向她投来异样的目光，甚至还嘲讽她说："你一个小学生还想当作家呀？……"这番话让她目瞪口呆。此时的她痛苦极了，她感觉到仿佛有人用利剑深深地刺伤了她那颗柔弱的心，她弄不明白自己到底做错了什么，别人要一次次地伤害她。既然选择了文学的这条路，她就要义无反顾地走下去，因为她太热爱写作了，这已成为她生命中难以割舍的一部分，任何困难都无法阻止她继续写作。她暗下决心，要用一篇篇力作证明自己，也证明给别人：小学生也可以成为作家！

……

后来，张雅文写出了《趟过男人河的女人》《玩命俄罗斯》《韩国总统的中国"御医"》《盖世太保枪口下的中国女人》《四万：四百万的牵挂》等作品。这就是从山沟里走出来的张雅文，一步步艰难地走上文学的圣殿，最终成了一位著名的女作家。

成功不能大意

我家附近，有一片菜园子，那是家里早年买的。

母亲是一个勤劳的人，已经50多岁了，但她仍闲不住，想种些菜卖点钱贴补家用。

听人家说，种豌豆角能赚钱，母亲就在当地种子站买了几斤豌豆角籽，播种在菜地里。

然而，天不遂人愿，由于天旱少雨，秧苗迟迟不肯从土壤里探出头来，随时都有被旱死的危险，母亲心急如焚，如果不及时采取有效措施，今年的收成恐怕全完了。她顶着烈日，蹲在地里，用她那粗糙得像树皮一样的手把种子一粒粒地挖出来，再重新深埋，防止种子因土层浅而被晒死。蹲了一会儿，她感到腰有些酸，手指也很疼，豆大的汗珠从她的额头渗出来，又顺着她额前那缕有些发白的发梢滑落，悄悄地滴在脚下的泥土上。她就这样地坚持着，直到中午才把种子弄完。接着，她又操起扁担，拎起水桶，来到离菜园子不远处的小河边挑水，然后踉踉跄跄、很吃力地担起水桶往地里走。天气实在是太热了，好像蒸笼似的，河坝上的柳树也被晒蔫了，无精打采的样子。此时，母亲的衣背早已被汗水浸湿了，她擦了一下额头上的汗水，继续给种子浇水，直到太阳沉下去的时候才拖着疲惫的身子回家。

没过几天，秧苗终于害羞地露出头来，母亲脸上的愁容这才退去。

时间过得真快，秋高气爽的季节不知不觉地来了。此时，菜园子里的豆角架上挂满了嫩绿的豆角。明天就可以摘下来去卖了，母亲的心里暗暗地感到高兴。

可是，谁曾想到，可怕的霜冻在夜里悄悄地侵入菜园，母亲却没有察觉，毫无准备。

第二天清早，母亲推开门一看，心里“咯噔”一下，马上意识到出事了。她赶紧跑到菜园里，眼前的景象让她惊呆了，满园的豆角秧全被霜打死了，母亲顿时傻眼了。她万万没有想到：今年的霜冻来得这么突然，比往年都早，由于自己一时大意，以至于将要收获的成果就这样给毁了，辛勤的汗水也付诸东流。

这是一次惨痛的教训。

种菜如此，其实有很多事情又何尝不是这样呢？有时，我们离成功可能只有一步之遥，然而，由于我们一时疏忽大意，最终导致失败的局面。愿我们都能吸取种菜的教训，在人生的旅途中少一些懊悔和惋惜，多一些成功和喜悦。

三十不立怎么办

当我伫立在岁月的窗前，看着生命的年轮即将画上30圈，心情不免有些沉闷。回首来时路，年少的我为了追逐心中的梦想洒下了艰辛的汗水，虽然也曾收获一丝成功的喜悦，但命运之神最爱捉弄人，一次次让梦想与我擦肩而过，使我身心俱疲。看着与我同龄的人事业有成，爱情甜蜜，别有一番滋味在心头。于是，不禁要问：三十不立怎么办？

30岁，在古人的观念中，应当可以安身立命，干出一番事业，有所成就了。其实，30岁只是人生的一个驿站，只是生命年轮的一个标识，本身并不意味着什么，而是人为地赋予它一定的内涵。虽然个体能力发展有一般的年龄规律性，但却存在着个体差异性。有些人某种能力在儿童时期就发展到相当的水平，这叫做“早熟”，如王勃10岁能赋诗，莫扎特8岁能作交响乐；也有些人某种能力的发展相当缓慢，到了中年，甚至中年后期才达到很高的水平，这称为“晚熟”，所以人的成功与否与年龄没有必然联系。

少年得志不如大器晚成。《菜根谭》有云：“桃李虽艳，何如苍松柏翠之坚贞；梨杏虽甘，何如橙黄橘绿之馨冽？信乎！浓夭不及淡久，早秀不如晚成也。”男人要成大业，何必在乎年龄的早晚呢？即使三十不立也不要烦恼，树干终成栋，也许你就是大器晚成中的一个。

三十不立的人如逆水行舟，不进则退，必须变压力为动力，负重前行，尽自己最大努力，挖掘自身的潜力来实现心中的梦想。努力可能会失败，但放弃则意味着你根本不可能成功。

三十不立的人不要急于求成，乱了心境。日本有句谚语：樱花不到季节是不会开的。冰冻三尺非一日之寒，事业是一点一滴干出来的，必须耐得住寂寞，肯下苦功夫，否则欲速则不达，徒增遗憾。

由不立到立的过程中，想象不到的困难好比是悬崖峭壁，虽然看不出一条缝来，但用斧凿，能进一寸进一寸，能进一尺进一尺，不断积累，飞跃必来，突破随之。如果有这种精神和毅力，何患壮志不酬！

高度决定出路

卓越的人生不能没有高度，因为高度决定着人生的出路，关系着命运的成败。

高度意味着信念。一个人成就多大的事业，往往是由他的信念所决定的，而信念就是他努力要实现的人生的奋斗目标，一个人的成就不会超过他的信念。

高度是一种思维。这种思维是带有统领性的、全局性的，譬如带兵打仗，假使拥有这种战略性的思维，就能运筹帷幄，决胜于千里之外，人生亦是如此。

高度引申为眼界。大凡成功者，眼界都比常人宽，看得远，而常人往往只盯着眼前的利益得失，走一步看一步，随波逐流，很难获得成功。

当人生不经意地跌入低谷，走进命运安排的迷宫时，我们无论怎样努力，绕来绕去，哪怕四处碰壁，精疲力竭，都无法找到出口，被困其中而茫然无措。

这时候，忽然想起一句诗，“不识庐山真面目，只缘身有此山中”，我们从中得到启发。假如我们攀爬到山顶，就能站得高，看得远，那么，庐山的景致怎能不尽收眼底、看得真切呢？

高度决定出路。若想走出人生的迷宫，我们只需站得高一些，高到可以看清迷宫的布局，就不会被眼前的各种假象所迷惑，清楚地知道出路在哪里，人生应该往何处走，然后坚定朝着那个方向一路走下去，眼前就会一片光明！

坚持做好简单的事

世间的大事、难事，皆是由一定量的简单的小事组成的。老子曾这样说："天下难事，必做于易；天下大事，必做于细。"一个人只有坚持做好简单的事，最终才能"不简单"。

就拿人类登月来说吧，这一壮举必是由宇航员操纵飞行器来实现。最初他们要经过艰苦严格的训练，虽然每一个动作看似简单，可是，当他们把这些简单的动作坚持做好并重复无数次的时候，他们也就不简单了，具备了超乎常人的综合素质，比如敏捷的反应速度、娴熟的操作技巧、较高的心理适应能力等。有了这样的素质，宇航员才能成功驾驭飞行器，抵达人类梦想的月亮之上。

所谓简单的事，或许大家都能做到，但是未必谁都能坚持做下去。

有一次，苏格拉底给他的学生上课，要求大家做一个简单的动作，把手向前摆动300下，然后向后摆动300下，看谁能每天坚持这样做。过了几天，苏格拉底上课时，请坚持下来的同学举手，结果有90%以上的人举起了手。过了一个月，他又要求坚持下来的人举手，只有70%多的人举手。过了一年，他又同样问道，这次只有一个人举手，这个人就是柏拉图。

由此想到，成功者有别于常人之处，恰恰是能把大家认为简单的事坚持做好，并且做得长久。在这一过程中，随着时间的向前推移，那些简单的事做起来，其难度相对来说就会随之增大，只有意志坚强的人才能坚持到最后，成为胜利者。

绳子的坚持能把木头锯断，水的坚持能把石头滴穿，一个人的坚持，能把铁棒磨成针。然而，这些简单的道理大家都知道，却未必都能做到，所谓的难与易，皆是由为与不为造成的，倘若不为，即便简单的事也变成了难事。

坚持把简单的事做好，再难的事最后也能变得不难，这就是“不简单”。

譬如说国际象棋大师，能够辨认和回想起大约几万种棋子在棋盘上的不同排列组合。这是因为，他们在平时的学习和对弈中，坚持记住每一个简单的棋局，这样日积月累，在他们的头脑中存储了大量的“定式”，于是就能依靠直觉，在很短的时间内找到妙招，出“棋”制胜。所谓的大师，就是这样炼成的。

其实，一个人做好一件简单的事并不难，难的是长久地坚持。欲成大事者，不能好高骛远，必须把眼前那些简单的小事做好，这并不需要超世之才，只需一颗坚韧的心，唯有如此，他终会“不简单”。

财富离我们并不远

我们相信，谁都不想过那种穷困潦倒的日子，而富裕、幸福和体面的生活，则是我们共同的追求。

虽说钱不是万能的，但是，钱对我们来说真的很重要。毫无疑问，人们的衣食住行、上学、买房、结婚，等等，处处需要钱，倘若没钱，患了疾病都无法得到医治，这就是现实。

或许很多人都梦想致富，但财富并非因梦想就能得到。我们发现，致富既与人们从事的行业没有太大的关系，任何一种行业里面的人都有发家的，哪怕是捡垃圾的，或是乞丐，都有巨富；致富也与节约无关，世上精打细算过日子的人很多，每花一分钱都很仔细，尽管这样，他们未必真有大钱，相反，一些大手大脚花钱的家伙，却拥有不菲的财富。

是什么造成穷人与富人的差别，这其中的原因或许很复杂，但是，有一点是可以肯定的，就是富人比穷人对赚钱更感兴趣，欲望也更高。或者说，谁能够更敏锐地发现那些财富的隐藏之处，谁就可能成为富人，反之，则只能忍受贫穷。

其实，财富离我们并不远，或许它就在我们身边，只是我们缺少发现它的眼睛罢了。

笔者有个文友，他和许多写手一样，曾经热衷于给报刊投稿，赚些稿费。那时侯，作者都在稿纸上写稿，再通过邮局投递给报刊社。后来，随着网络的普及，全国很多报刊社采用了无纸化办公，要求作者给他们发电子邮件。于是，笔者的这位文友为了弄到报刊邮箱，可谓煞费苦心，或是向朋友要，或是与全国各地的文友交换，或是自己上网搜索，或是到较大的图书馆去抄，或是从多年与编辑的私人往来中获得。经过不懈努力，他已经拥有了上千家私人投稿邮箱。而此时，行业里的众多写手们正为投稿邮箱少而苦恼，他们很想得到更多的报刊邮箱。有需要就有市场，他发现了隐藏在身边的这一商机，果断地有偿出售他收藏的私人邮箱，并且承诺定期更换和增加新的报刊邮箱，写手们纷纷购买使用，结果他快乐地赚到了第一桶金。

所以，财富并非如我们想象的那样不可企及，它离我们并不远，只要我们处处留心，努力地去寻找，或许就能发现并拥有它，成为有钱人。

撼动命运的铁球

若想考验一个人是否具备成功所必备的品质，是否能拥有掌控并且改变自己命运的力量，我们不妨做一个测验：就是在舞台的中央支上一个铁架子，然后在架子上吊着一个巨大的铁球，再让测试者用小铁锤去敲击它，如果谁能撼动铁球，直到让它摆荡起来，谁就通过了测试，成为最后的胜利者。

我们可以设想：这个大铁球就是命运的象征，大铁球相当重，看上去绝非用一个人的力量能将它移动，这就像我们的命运一样，它能左右我们人生的轨迹，绝非一般人能够撼动。

在铁球面前，我们要用小铁锤去敲击它，就像我们要用自己的力量向命运发起挑战。如果你能撼动铁球，最终让他摆荡起来，那么你就战胜了命运，成为强者。

可是，我们看到，绝大多数的测试者，当他们看到铁球这么重，而想到自己手中很轻的小铁锤时，他们自己都不相信能用它撼动这大铁球。虽然有的人也尝试着拿起小铁锤去敲击它，坚持了几分钟，甚至十几分钟，人们只听到叮叮当当的响声，但是吊球一点儿动的迹象也没有。于是，很多人认为让铁球动起来是不可能的，他们带着遗憾放弃了努力和尝试。

然而，就在这时，有一位老者勇敢地走上舞台，他神情自若，目光里闪烁着自信和坚毅。老者看了看台下的人们，就拿起铁锤一下一下用力地敲击铁球。时间一分一秒地过去了，大铁球仍然纹丝不动。这时候，台下的人们似乎等得有些不耐烦了，出现了骚动，可是，老者对此并没有反应，而是专注地继续敲着。他已经坚持了半个多钟头，人们认为没戏了，正要准备起身愤然离去的时候，突然，现场有人尖叫一声："看啊，球动了!"大家闻声向台上望去，眼睛盯着那铁球，它果真轻微地晃动着，不仔细看很难察觉。此时，整个现场鸦雀无声，人们全都注视着老者和铁球，期待着奇迹的发生。老者的脸上没有任何表情，虽然他的额头已经渗出汗来，但他坚持不懈，仍旧一小锤一小锤地敲着。随着老者不停地敲击，吊球开始越荡越高，拽得铁架子"哐哐"作响。难以置信，他真的成功了，人们激动地对老者报以雷鸣般的掌声!

这个测试启示我们：一个人若想成功，必须具备三种品质，一是要有自信，一定要相信自己"我能行"，这是迈向成功的第一步；二是要有勇气，敢于向困难挑战，不怕挫折和失败；三是要有恒心，为了梦想锲而不舍地坚持，绝不半途而废。倘若我们从现在开始学习并拥有这三种宝贵的品质，那么请相信，我们自身正在悄悄地发生着变化，我们的命运也会随之改变。